Annette Schmitt

Tibet Terrier

Premium Ratgeber

bede bei Ulmer

Inhalt

Inhalt

Von den Ursprüngen zur Reinzucht

Die Vorfahren des heutigen Tibet Terriers waren kleine, zottelige Hütehunde.

Die Geschichte des Tibet Terriers reicht weit zurück, wie weit genau, ist unklar. Sicher ist aber, dass es im Hochland von Tibet schon vor mehr als 2500 Jahren Hunde gab, die dem heutigen Tibet Terrier sehr ähnlich sahen. Bereits um 800 v. Chr. wird in Tibet ein kleiner, langhaariger Hund unter dem Namen „Apso" erwähnt. Die im tibetischen Hochland lebenden Hirtenvölker hielten sich sowohl kleine Apsos als auch große Tibetdoggen, die im Zu-

sammenspiel das Eigentum und die Viehherden der Tibeter bewachen und beschützen sollten. Dabei war es die Aufgabe der Apsos, Eindringlinge auszuspähen und vor ihnen zu warnen, während die Tibetdoggen anschließend das Hab und Gut notfalls auch mit ihren Zähnen verteidigen mussten. Die kleinen, tibetischen Hütehunde trieben außerdem die Ziegen- und Yakherden auf Sommerweiden ins Hochland. Von den Apsos, die auch „Lago

Kyi" (= Handhunde) genannt wurden, gab es einen etwas größeren, quadratisch gebauten Typ (späterer Tibet Terrier) und eine kleinere, längliche Variante (späterer Lhasa Apso), die in vielen Lamaklöstern reingezüchtet wurden. Bei den Nomaden auf dem Lande kümmerte man sich nicht um eine korrekte Zucht und so lebten dort in Größe und Farbe sehr unterschiedliche Hunde.

Da das Land sehr hoch und abgeschieden liegt, gab es auch wenige Reisende, die Hunde mitbrachten oder von dort mitnehmen durften. Daher bildeten die tibetischen Vierbeiner lange Zeit eine „eingeschworene" Gemeinschaft ohne Beimischung von fremdem Blut. Das üppige, doppelte Haarkleid, das sich die Hunde bis heute erhalten haben, stellt einen hervorragenden Schutz gegen die in Tibet vorherrschenden extremen Witterungsschwankungen mit eisigen Wintern und warmen Sommern dar, außerdem gegen krankheitsübertragende Insekten. Die Apsos waren somit bestens an das raue Klima und karge Leben in ihrer Heimat angepasst. Daraus ergibt sich eine bis heute für die Rasse typische Robustheit, Ursprünglichkeit und Widerstandsfähigkeit. Eine weitere Besonderheit der Hunde sind ihre großen, biegsamen, schneeschuhartigen Pfoten. Diese entwickelten sich, um sich sicher im unwegsamen tibetischen Hochland bewegen zu können und Halt beim Klettern an einem Felsen, im Wurzelgeflecht und im Schnee zu finden. Außerdem verfügen die tibetischen Hirtenhunde bis heute über eine enorme Sprungkraft.

Bedeutender Buddhismus

In der weiteren Geschichte des Tibet Terriers spielt der Buddhismus eine wesentliche Rolle. Mit dem Glauben an die Reinkarnation (= Wiedergeburt) und der damit verbundenen Selbsterlösung, beinhaltet die Lehre des Bud-

Im Zusammenspiel mit großen Tibetdoggen mussten die kleineren Apsos unter anderem Eindringlinge ausspähen und vor ihnen warnen.

dhismus ein Tötungs- und darin eingeschlossenes Handelsverbot von Tieren jeglicher Art. Daher durften auch Hunde nicht verkauft, sondern nur verschenkt werden, denn jedes Wesen soll eine Seele besitzen, weshalb ihm absolute Hochachtung gebührt. Alten Chroniken aus der Zeit der chinesischen Tang-Dynastie zufolge, kam das Überreichen von Geschenken dem Wunsch nach Frieden gleich. Deshalb nannte man die kleinen tibetischen Hunde auch Glücks- oder Friedensbringer. Späteren Berichten ist zu entnehmen, dass zwischen den Hirtenvölkern und Lamaklöstern ein reger Austausch der Vierbeiner stattfand: Die Hirten schenkten den Lamas die kleinsten weißen und gold gefärbten Welpen,

Für seinen ursprünglichen Beruf als Vierhüter musste ein Tibet Terrier problemlos jedes Hindernis überwinden können.

während die Lamas wiederum den Hirten ihre größten Apsos als Dank für Nahrungsmittel übergaben. Auch war es üblich, wertvolle, vom Dalai Lama gesegnete Hunde an die Mandschukaiser zu überreichen.

In Europa berichtet erstmals Marco Polo im 13. Jahrhundert von „kleinen goldfarbenen, flinken Hunden", die er in Tibet gesehen hatte und die er mit den Löwen des Khans verglich. Eingeführt wurden die zotteligen Hirtenhunde auf unserem Kontinent jedoch erst Anfang des 20. Jahrhunderts. Aufgrund ihrer Vielfalt, Größe und Farben, sorgten sie hier zunächst noch für einige Verwirrungen.

Die Tibet-Terrier-Zucht in Europa

Während Sir Lionel Jacob 1901 einen ersten Standard für den „Lhasa Terrier" verfasste, legte Dr. Agnes R. H. Greig einige Jahre später den Grundstein für die europäische Tibet-Terrier-Zucht. Als Leiterin eines indischen Krankenhauses bekam sie ihre erste goldweiße Tibet-Terrier-Hündin namens „Bunty" von einem wohlhabenden tibetischen Händler geschenkt, als Dank für die gelungene Operation an seiner Frau. 1930 ging Dr. Greig zurück nach England und begann dort mit weiteren, in Indien erworbenen Tieren unter dem Zwingernamen „of Ladok" (später „of Lamleh") selbst zu züchten. Hunde aus ihrem Zwinger

Apsos wurden häufig als glücks- und friedenbringende Geschenke überreicht.

Dass der Tibet Terrier schließlich offiziell als Rasse anerkannt wurde, ist dem Engagement der britischen Ärztin Dr. Agnes R. H. Greig zu verdanken.

bildeten den Grundstein der europäischen Tibet-Terrier-Zucht. Dr. Greigs Engagement ist es auch zu verdanken, dass die Rasse zunächst in Indien und später in England offiziell anerkannt wurde. Da es zwischen dem Tibet Terrier und dem Lhasa Apso immer noch Vermischungen gab, beauftragte der Kennel Club 1934 die Tibetian Breed Association mit der Erstellung zweier Standards, die den Tibet Terrier und den Lhasa Apso klar voneinander abgrenzten und als eigenständige Rassen definierten. Noch vor dem 2. Weltkrieg kamen die ersten Tibet Terrier aus der Zucht von Dr. Greig nach Deutschland zu Frau E. Bruns. Sie begann 1939 in Berlin unter dem Zwingernamen „vom Tiergartenbrück" mit dem Aufbau der ersten deutschen Zucht. Mit dem Einzug sowjetischer Soldaten kam jedoch das jähe Ende dieses Zwingers, denn die Züchterin wurde samt ihrer Hunde erschossen. Trotzdem legten einige Tibet Terrier „vom Tiergartenbrück" den Grundstock der heutigen deutschen Zucht. Da das Zuchtpotenzial in Deutschland anfangs jedoch sehr gering war, importierte man viele Hunde aus England und aus den nordischen Ländern. Inzwischen hat sich die Rasse hierzulande als beliebter Begleithund etabliert.

Der Terrier, der keiner ist

Die aus Tibet stammenden Hirtenhunde sind stammesgeschichtlich eng verwandt mit mongolischen Hirtenhunden, die wiederum sibirischen Schlittenhunden nahe stehen. In ihrer Heimat werden sie „Apso" genannt. Diese Bezeichnung bedeutet für den Tibeter etwas, das vollständig mit Haaren bedeckt ist. Möglicherweise steckt eine Ableitung des Wortes „Rapso" dahinter, was so viel wie „langhaarige Tibetziege" bedeutet. Den Beinamen „Terrier" erhielten die Hunde von den ersten christianisierenden Mönchen, weil die Hunde die Größe der damals bekannten Terrier hatten. An sich haben die tibetischen Hirtenhunde jedoch nichts mit Terriern gemein, weder in ihrer Entstehung noch von ihrem Wesen her. Daher würde auch der Name „Tibet Apso" deutlich besser passen als „Tibet Terrier". Die Tibeter nennen den Tibet Terrier aufgrund seiner äußeren Ähnlichkeit und des Symbols für „Furchtloses Glück" auch „Schneelöwe". Außerdem ist der Hirtenhund in seiner Heimat unter dem Namen „Kleiner Mensch" bekannt.

Die in seiner tibetischen Heimat gebräuchliche Bezeichnung „Apso" ist auf das lange Haarkleid der Hunde zurückzuführen.

Rassestandard

Im Rassestandard sind diverse Kriterien fest-gehalten, die der Hund optimal erfüllen soll.

Im Standard ist festgehalten, wie ein perfekter Hund einer Rasse auszusehen hat. Aber auch ein kurzer Einblick in Veranlagung und Wesen wird hier gegeben.

Tibet Terrier
(Tibetan Terrier)

FCI-Standard Nr. 209/20.04.1998/D

Ursprung Tibet.
Patronat Großbritannien.
Datum der Publikation des gültigen Originalstandards 25.08.1988.
Verwendung Begleithund.

Klassifikation FCI Gruppe 9 Gesell-schafts- und Begleithunde. Sektion 5 Tibeta-nische Hunderassen. Ohne Arbeitsprüfung.

Allgemeines Erscheinungsbild Robust, von mittlerer Größe, langhaarig, mit quadrati-scher Silhouette, resoluter Ausdruck.

Verhalten/Charakter (Wesen) Lebhaft, gutmütig. Treuer Kamerad mit vielen einneh-menden Wesenszügen. Aus sich herausge-hend, wachsam, intelligent und mutig; weder ungestüm noch streitsüchtig. Fremden gegen-über zurückhaltend.

Kopf – Oberkopf
Der Kopf ist reichlich mit langem Haar be-deckt, das nach vorn über die Augen fällt. Am

Gemäß FCI-Standard zählt der Tibet Terrier zu den Gesellschafts- und Begleithunden.

Unterkiefer befindet sich ein kleiner, aber nicht übertrieben ausgebildeter Bart.

Schädel Von mittlerer Länge, weder breit noch grob, von den Ohren zu den Augen hin etwas schmaler werdend. Zwischen den Ohren weder gewölbt noch völlig flach.

Stopp Deutlich, aber nicht übertrieben ausgebildet.

Gesichtsschädel

Nasenschwamm Schwarz.

Fang Kräftig. Die Länge von den Augen bis zur Nasenspitze hin ist gleich der Länge von den Augen bis zur Schädelbasis.

Kiefer/Zähne Unterkiefer gut entwickelt. Die Schneidezahnreihe bildet einen leichten Bogen, wobei die Schneidezähne in regelmäßigem Abstand und senkrecht im Kiefer stehen. Scherengebiss oder umgekehrtes Scherengebiss.

Backen Jochbein gebogen, aber nicht so übermäßig ausgeprägt, dass es vorgewölbt wäre.

Augen Groß, rund, weder hervorquellend noch tief liegend; ziemlich weit auseinander liegend, dunkelbraun, Augenlider schwarz.

Ohren Hängend, nicht zu dicht am Kopf anliegend getragen, V-förmig, nicht zu groß, üppig behaart.

Körper

Gut bemuskelt, kompakt und kraftvoll. Länge von der Schulterblattspitze zum Rutenansatz gleich der Widerristhöhe.

Rücken Über dem Rippenschiff gerade.

Lenden Kurz, leicht gewölbt.

Kruppe Gerade.

Brust Weitzurückreichender Brustkorb.

Rute Mittellang, ziemlich hoch angesetzt und fröhlich eingerollt über dem Rücken getragen. Sehr üppig behaart. Ein Knick nahe der Spitze der Rute kommt oft vor und ist erlaubt.

Rassetypisch ist die üppige Kopfbehaarung, die über die Augen fällt.

Gliedmaßen

Vorderhand Stark behaart. Läufe gerade und parallel.

Schultern Gut schräg zurückgelagert.

Vordermittelfuß Leicht schräg.

Hinterhand Stark behaart.

Kniegelenk Gut gewinkelt.

Sprunggelenk Tief stehend.

Schon die Rute der Welpen wird fröhlich eingerollt über dem Rücken getragen.

Das Gangwerk des Tibet Terriers zeigt einen guten Vortritt und kraftvollen Schub.

Pfoten Groß, rund, zwischen den Zehen und Ballen reichlich behaart. Gut flach, auf den Ballen stehend, keine Wölbung in den Pfoten.

Gangwerk Zügig, guter Vortritt, kraftvoller Schub. In Schritt und Trab sollen die Hinterläufe weder innerhalb noch außerhalb der Spur der Vorderläufe fußen.

Haarkleid

Haar Doppelt. Unterwolle fein und wollig. Deckhaar üppig, fein, jedoch weder seidig oder wollig, lang, glatt oder gewellt, aber nicht lockig.

Der Tibet Terrier verfügt über ein doppeltes Haarkleid, das es in den unterschiedlichsten Farben gibt.

Da seine Augen auch weiter auseinanderstehen, hat der Tibi ein viel größeres Blickfeld als andere Hunde.

Farbe Weiß, gold, creme, grau oder rauchfarben, schwarz, zwei- oder dreifarbig; eigentlich ist jede Farbe mit Ausnahme von schokoladen- oder leberbraun erlaubt.

Größe
Schulterhöhe bei Rüden 35,6 bis 40,6 cm. Hündinnen geringfügig kleiner.

Fehler
Jede Abweichung von den vorgenannten Punkten muss als Fehler angesehen werden, dessen Bewertung in genauem Verhältnis zum Grad der Abweichung stehen sollte und des-

sen Einfluss auf die Gesundheit und das Wohlbefinden des Hundes zu beachten ist. Hunde, die deutlich physische Abnormalitäten oder Verhaltensstörungen aufweisen, müssen disqualifiziert werden.

Nachbemerkung
Rüden müssen zwei offensichtlich normal entwickelte Hoden aufweisen, die sich vollständig im Hodensack befinden.

Verhalten und Charakter

Der Tibet Terrier hat ein sehr liebenswertes, aber auch etwas eigenes Wesen.

Der quirlige Tibet Terrier ist ein liebenswerter Familienhund, den man aber auch zu nehmen wissen muss. Wegen der starken Bindung an seine Leute können viele Tibis nicht so gut alleine bleiben. Aufgrund seiner guten Anpassungsfähigkeit ist es jedoch kein Problem, den wuscheligen Vierbeiner an viele Orte einfach mitzunehmen. Durch sein sehr soziales, liebenswertes Wesen und seine Charakterfestigkeit eignet sich der Tibet Terrier hervorragend für Familien mit Kindern. Er liebt es, mit den Kleinen durch den Garten zu toben und gemeinsam mit ihnen auf Abenteuersuche zu gehen. Eine wichtige Basis für die Kinderfreundlichkeit des Vierbeiners ist, dass beide Seiten von Anfang an zu einem verantwortungsvollen Umgang miteinander angeleitet werden. Hier sind die Eltern gefragt, dem Kind das richtige Maß an Zuneigung zu vermitteln, damit der Tibi trotzdem noch seinen eigenen Freiraum behält. Zudem ist eine optimale Sozialisation des Hundes von klein auf wichtig, dann ist der Tibet Terrier sehr einfühlsam, geduldig und zart im Umgang mit den Kleinen. Mit einer stoischen Ruhe und Souveränität scheint ihn generell nichts so leicht aus der Ruhe zu bringen.

Bekannt ist die Rasse für ihre Sportlichkeit, die sie auch gerne auslebt. Egal ob beim Wandern, Walken, Joggen, Radfahren oder Reiten, ein Tibi ist am liebsten mit von der Partie. Sogar

Die Rasse ist sehr sportlich und zeigt viel Temperament, sie kann aber auch ganz anders ...

Konsequenz ist im Umgang mit einem Tibet Terrier oberstes Gebot, sonst tanzt Ihnen der clevere Vierbeiner schnell auf der Nase herum.

Bergtouren in schwierigerem Gelände sind für den ausdauernden Klettermax kein Problem. Da der fröhliche Vierbeiner generell sehr bewegungsfreudig ist und gerne etwas mit seinen Leuten unternimmt, eignet er sich auch für Hundesport jeglicher Art. Er liebt es außerdem, ausgelassen mit Artgenossen zu toben. Trotz allem Temperament ist er tageweise aber auch mal mit weniger Bewegung zufrieden, eine fordernde Beschäftigung ist für ihn allerdings sehr wichtig. Kopfarbeit darf bei dieser cleveren Rasse also nicht zu kurz kommen.

Cleverer Zottelbär mit eigenem Kopf

In der Erziehung des Tibet Terriers ist Kreativität gefragt, um den manchmal etwas dickschädeligen Wuschelkopf in die richtigen Bahnen zu lenken. Hat er nämlich gerade keine Lust, Kommandos zu befolgen, kann sich auch der besterzogene Tibeter schlagartig taub stellen. Häufig muss man den selbstbewussten und äußerst schlauen Vierbeiner mit kreativer Raffinesse überlisten, um zum Ziel zu kommen. Der liebenswerte Charmebolzen versteht es perfekt, Menschen um sein Pfötchen zu wickeln und seine Interessen durchzusetzen – ohne, dass die Zweibeiner es merken. Zu unterwürfigem Gehorsam werden Sie den kleinen Hütehund nicht bringen, trotzdem aber ist ein ordentliches Folgen machbar, schließlich verfügt er über eine schnelle Auffassungsgabe.

Der gelegentliche Dickkopf beruht auf der einstigen Aufgabe der Tibis, völlig auf sich allein gestellt Viehherden zu treiben und zu hüten. Hierfür ist ein großes Maß an Selbstständigkeit in Form von eigenständigem Denken und Handeln nötig.

Sehr wichtig ist absolute Konsequenz im Umgang mit dem intelligenten Vierbeiner, ansonsten macht er mit Ihnen schnell was er will. Auch Geduld, Einfühlungsvermögen und viele Leckerli sind bei seiner Erziehung unentbehrlich. Druck, Zwang und Härte sind dagegen nichts für den cleveren Charakterhund. Darauf folgt nur hoheitsvolle Ignoranz. Auf ein Herumkommandieren reagiert er ebenfalls mit gänzlicher Verachtung. Blamieren werden Sie sich mit einem Tibet Terrier aber nie, denn er weiß ganz genau, wann es darauf ankommt, sich zu benehmen.

Als ehemaliger Hütehund ist der Tibi in der Regel sehr verträglich mit anderen Haustieren.

Erziehung einer Persönlichkeit

Ein Tibet Terrier will in der Erziehung überzeugt und als vollwertiger Partner verstanden werden, er folgt also nur dann, wenn ihm das Verlangte einsichtig erscheint. Andererseits lernt er auch leicht etwas durch Nachahmung, denn er verfügt über eine ausgezeichnete Beobachtungsgabe. Dies kann ein Vor- und ein Nachteil sein. So schaut sich ein Tibet Terrier, kommt er als Zweithund in eine Familie, rasch sowohl eine gute Erziehung als auch unliebsame Eigenarten des bereits vorhandenen Hundes ab. Aufgrund ihres sehr sozialen Wesens eignet sich die Rasse generell sehr gut für die Rudelhaltung. Die eigene Familie kann dem tibetischen Vierbeiner nicht groß genug sein. Manche Tibis verfügen noch über einen ausgeprägten Hütetrieb, der innerhalb des Familienrudels, andere Haustiere mit eingeschlossen, stark zum Vorschein kommt.

Da der Tibi eigentlich ein Arbeitstier ist, freut er sich über jede Aufgabe, die er von seiner Familie bekommt. Er lernt gerne und mit großem Eifer Kunststückchen. Oft entpuppt er sich als wahrer Clown: Schnell hat er raus, wie er mit seinen großen Kulleraugen und einer entsprechenden Mimik unter seiner lustigen Frisur Menschen zum Lachen bringen kann. Hier besteht leicht die Gefahr, seinem unnachahmlichen Charme heillos zu erliegen und ihm so in der familieninternen Rangordnung Oberwasser zu gewähren. Typisch für die Rasse ist auch ihre große Spielfreude bis ins hohe Alter.

Instinktsicherer Klettermax

Bekannt ist der Tibi außerdem für sein enormes Klettertalent, ein noch ursprüngliches Erbe aus seiner Zeit als Hirtenhund im felsigen tibetischen Hochland. Dabei scheint der langhaarige Spitzbub schnell zu vergessen, dass er eigentlich ein Hund und kein Eichhörnchen ist, denn eine fremde Katze würde so manch ein Tibet Terrier schon gerne mal auf einen Baum verfolgen. Zu den selbst gewählten Aufgaben des kleinen Großen gehört auch die Bewachung von Haus und Hof. Hier zeigt sich der mutige Zottelbär zwar nie aggressiv, dennoch aber wird selbstbewusst alles Fremde verbellt. Keineswegs ist er jedoch ein Kläffer. Besuchern steht er zunächst zurückhaltend gegenüber, findet er diese dann sympathisch, taut er schnell auf und möchte von ihnen liebkost werden.

Bei einer angemessenen Auslastung und Beschäftigung zeigt sich der Tibet Terrier im Haus anhänglich, ausgeglichen und ruhig. Niemals ist er nervös oder fordernd. Wegen seiner geringen Größe kann er bei genügend Auslauf auch gut in einer Wohnung gehalten werden. Mit Artgenossen und anderen Tieren ist der einstige Hütehund sehr verträglich. Neugierig und aufgeschlossen geht er auf alles und jeden zu. Selbst in Haus und Garten nimmt er alle Neuerungen zunächst einmal ganz genau unter die Lupe. Trotzdem ist natürlich jeder Hund anders: Im nassen Element scheiden sich beispielsweise die Geister; man-

Wehe, wenn er losgelassen ...

Der Tibet Terrier verfügt aufgrund seines Körperbaus und seines ursprünglichen Einsatzgebietes als Viehhüter im tibetischen Hochland über eine enorme Wendigkeit und Flinkheit. Diese Anlagen gilt es in wildreichen Gegenden zu berücksichtigen. Denn obwohl die Rasse eigentlich nicht über einen ausgeprägten Jagdtrieb verfügt, kommt doch, wird beispielsweise ein Kaninchen aufgestöbert, ein gewisser Hetztrieb durch, der das Wild unnötigerweise in Angst und Schrecken versetzt. Ein verantwortungsvoller Tibi-Halter sollte seinen Vierbeiner in wildreichem Gelände also lieber anleinen. Erziehungstechnisch unterbindet man bereits bei einem Welpen, dass er Vögel jagt, um ihn erst gar nicht auf den Geschmack zu bringen.

che Tibis lieben Wasser und (zum Leidwesen ihrer Besitzer) Schlamm. Andere wiederum umgehen jede Pfütze, um sich bloß nicht schmutzig zu machen.

Der Tibet Terrier ist zudem äußerst feinfühlig: Unterschiedliche Stimmungslagen seiner Leute erkennt er sofort. Sein Verhaltensrepertoire ist noch sehr ursprünglich und verfügt über ausgezeichnete Instinkte. So ist beispielsweise sein Orientierungssinn hervorragend ausgeprägt. In Begleitung eines Tibis kann man sich daher kaum verlaufen, denn nach Hause findet er eigentlich immer wieder. Wer sich also mit einem gelegentlich dickköpfigen, andererseits aber auch sehr charmanten, liebenswerten und sportlichen Vierbeiner arrangieren kann und dessen aufwendige Fellpflege, auf die später noch näher eingegangen wird, nicht scheut, findet im Tibet Terrier sicherlich einen tollen Begleiter.

Wird der Tibet Terrier seinen Bedürfnissen entsprechend ausgelastet und gefordert, zeigt er sich zu Hause sehr ruhig und ausgeglichen.

Der Tibi ist ein toller Begleiter für sport-liche Outdoorfans.

In seiner tibetischen Heimat wird der Tibet Terrier nach wie vor als instinktsicherer Wach- und Hirtenhund eingesetzt. Hierzulande ist er ein beliebter Familien- und Begleithund. Als temperamentvolles Energiebündel, betreibt der Tibi sehr gerne Hundesport. Dabei ist er nur selten wählerisch. Agility, Turnierhunde-sport, Mobility oder Dogdancing: Erlaubt ist, was gefällt. Außerdem ist der nette Vierbeiner ein toller Begleiter beim Radfahren, Joggen, Walken oder Wandern und beim Reiten. Die Rasse eignet sich ebenfalls zur Fährten- und Flächensuche sowie zum Mantrailing. Tibet Terrier werden sogar erfolgreich als Trümmer-suchhunde ausgebildet, da sie sich gerade in unwegsamem Gelände sehr sicher bewegen. Dabei zeigen sie einen enormen Einsatz- und Arbeitswillen. Vor Ausbildungsbeginn zum Rettungshund erfolgt eine eingehende Prüfung auf Wesensfestigkeit und Nasenarbeit, denn nur physisch und psychisch völlig gesunde Hunde sind für diese Arbeit geeignet.

Selbst im Showbusiness sind Tibet Terrier be-liebt: Ob beim Film, Fernsehen oder im Zirkus – die schlauen Vierbeiner machen immer eine gute Figur, vorausgesetzt natürlich, man weiß sie zu nehmen.

Gute-Laune-Hund mit sozialer Ader

Aufgrund ihrer hohen Intelligenz, charmanten Liebenswürdigkeit und steten Gelassenheit kommt die Rasse auch im sozialen Bereich zum Einsatz. Immer häufiger trifft man den

Fährtensuche, Flächensuche und Mantrailing

Drei ähnlich klingende Begriffe, die für den Laien schwer zu unterscheiden sind. Alle drei Arten beinhalten die Suche nach vermissten Personen.

Bei der Fährtensuche sucht der Hund anhand der Bodenverwundung (z. B. durch Fußab-drücke) nach einem Menschen. Der Vierbei-ner ist dabei durch eine 10-m-Leine mit sei-nem Führer verbunden.

Die Flächensuche findet meist in unwegsa-mem Gelände oder in großen Waldflächen statt. Speziell ausgebildete Hunde durchstö-bern die Gegend auf menschliche Witterung hin und dürfen nur Personen anzeigen (durch Verbellen), die sitzen, kauern, liegen oder sich kaum bewegen. Typische Einsätze sind Su-chen nach vermissten Kindern oder verwirrten Menschen. Manchmal findet die Flächensuche auch mit zwei Hunden statt, die aus zwei verschiedenen Richtungen kommend einen Weg absuchen müssen.

Beim Mantrailing sucht der Vierbeiner an einer langen Feldleine eine bestimmte Person anhand einer Geruchsprobe (z. B. Klein-dungsstück). Die Suche beginnt am Ort des Verschwindens der Person, diese Stelle muss also bekannt sein.

Der clevere Hütehund ist aufgrund seiner hohen Intelligenz und schnellen Auffassungsgabe ein vielseitig einsetzbarer Allrounder.

Der Schneelöwe des Dalai Lamas

In der Vorstellung der Tibeter wird Buddha von verschiedenen „Löwenhunden" begleitet, die ihn bewachen und beschützen. Daher hält bis heute jeder Dalai Lama „Löwenhunde", unter denen sich stets Tibet Terrier befinden. Mindestens einer dieser Tibis muss weiß sein wie ein Schneelöwe, ein allegorisch-mythologisches Tier des Buddhismus, das „furchtloses Glück" symbolisiert. Der 14. Dalai Lama lebt heute mit seinen Vierbeinern in Indien im Exil. Auf seinen Reisen lässt er sich ebenfalls oft von seinem weißen Tibet Terrier namens „Sengge" (= Schneelöwe) begleiten.

Als liebevoller Seelentröster und drolliger Clown zaubert er blitzschnell in jedes Menschenherz gute Laune.

Tibet Terrier in den unterschiedlichsten therapeutischen Einrichtungen an. Wegen seiner Feinfühligkeit, Menschenfreundlichkeit und seines liebenswerten, souveränen Auftretens ist der intelligente Vierbeiner hier ein sehr gern gesehener Gast. Altenheime, Krankenstationen oder Einrichtungen für Behinderte, die jemals mit einem Tibi zusammenarbeiten durften, möchten ihn nicht mehr missen, da seine Ausstrahlung auch von viel Charme und Herzenswärme geprägt ist. Außerdem hat er ein sehr sanftes Auftreten, durch das selbst Hundeskeptiker schnell Vertrauen fassen. Vor allem Kinder finden in dem bärigen Vierbeiner einen liebevollen und zarten Seelentröster, wenn es darauf ankommt aber auch einen lustigen Clown, der gekonnt von Alltagsproblemen und Krankheiten ablenkt. In Schulen, die mit einem tierischen Helfer zusammenarbei-

ten, hat sich der Tibi während des Unterrichts als ruhender Pol bewährt. In Pausen oder auf Klassenfahrten ist er den Kindern dagegen ein temperamentvoller Freund, der, für jeden Spaß zu haben ist, viel gute Laune mit sich bringt und somit für ein ausgesprochen gutes Klassenklima sorgt.

Anforderungen an den Halter

Prüfen Sie unbedingt vorab, ob ein Tibet Terrier wirklich in Ihr Leben passt und zwar über viele Jahre hinweg.

Fragen, die vorab zu klären sind

Überlegen Sie die Anschaffung eines Tibet Terriers gut, immerhin liegt seine durchschnittliche Lebenserwartung bei etwa 15 Jahren. Bedenken Sie daher schon im Vorfeld genau, ob es Ihnen finanziell möglich ist, für sämtliche Kosten, die der Hund mit sich bringt, über Jahre hinweg aufzukommen. Neben den Kosten für die Grundausstattung sowie für den Erwerb des Hundes selbst,

schlägt sich die tägliche Futterration auf Dauer gesehen natürlich deutlich in Ihrem Geldbeutel nieder. Zusätzlich müssen Sie eine Haftpflichtversicherung sowie regelmäßige Impfungen und Entwurmungen bezahlen. Schnell kann Ihr Vierbeiner auch unvorhergesehen erkranken, unter Umständen sind sogar langwierige und teure tierärztliche Behandlungen nötig. Überlegen Sie außerdem, ob die äußeren Gegebenheiten stimmen. Ein Tibet Terrier darf nicht, etwa aus Platzmangel in der Wohnung,

19

Ein intakter Gartenzaun ist wichtig, damit der neugierige Welpe nicht in einem unbeobachteten Moment ausbüxt.

in einem Zwinger gehalten werden. Hier würde der menschenbezogene Vierbeiner physisch und psychisch verkümmern. In einem Haus mit Garten fühlt sich der tibetische Hirtenhund natürlich am wohlsten, bei einer angemessenen Auslastung kann er aber auch gut in einer Wohnung gehalten werden. Denken Sie unbedingt an das enorme Klettertalent des Tibis: Gartenbesitzern sei daher dringend ein genügend hoher Zaun um ihr Grundstück empfohlen, damit sich der zottelige Vierbeiner nicht unerlaubt auf Wanderschaft begibt.

Nichts für penible Reinlichkeitsfanatiker

Grundsätzlich ist ein Tibet Terrier für Reinlichkeitsfanatiker wohl eher weniger geeignet, denn durch das lange Haarkleid ist der Schmutzeintrag natürlich deutlich höher als bei einem Kurzhaarhund. Viele Wuschel empfinden wohl auch Wasser oder Futterreste in ihrem Bart als „Dreck", den es nach dem Fressen oder Trinken unbedingt durch Abputzen

und Robben auf dem Teppich zu entfernen gilt. Penible Hausfrauen müssen mit einem Tibi im Haus also oft schnell sein!

Das Haarkleid des Tibet Terriers bedarf einer regelmäßigen, zeitaufwendigen Pflege, damit es nicht verfilzt. Zudem kann es im Sommer Probleme mit Grannen und im Winter mit Schneeklumpen geben, was zudem einen erhöhten Pflegeaufwand mit sich bringt. Optimal gepflegt, haart der kleine Vierbeiner allerdings nicht. Außerdem hat er keinen Eigengeruch.

Fragen Sie vor einer Anschaffung nach, ob Ihr Vermieter mit dem Einzug eines Hundes einverstanden ist. Erkundigen Sie sich auch, ob Sie den Hund, bei Abwesenheit aller anderen Familienmitglieder, mit ins Büro nehmen dürfen. Denken Sie an die Ferienzeit: Sind Sie gewillt, in zukünftigen Urlauben mit Hund eventuelle Abstriche, Zielort und Unternehmungen betreffend, zu machen? Der Tibet Terrier hält sich beispielsweise lieber in kühleren Regionen auf, besonders heiße Gegenden wären für ihn also nicht geeignet. Wollen Sie ohne Vierbeiner verreisen, überlegen Sie vorab, ob Sie einen lieben Hundesitter an der Hand hätten oder eine gute Hundepension bezahlen können. Auch manche Züchter nehmen ihren ehemaligen Nachwuchs gerne wieder in Pflege; fragen Sie schon bei der Anschaffung Ihres Welpen nach.

Rassebedürfnisse

Passen die finanziellen und äußeren Gegebenheiten optimal zu einer Hundeanschaffung, überlegen Sie sich, ob Sie auf Dauer, das heißt ein Hundeleben lang, genügend Zeit und Lust haben, den Ansprüchen eines Tibet Terriers gerecht zu werden. Tibis sind temperamentvolle Energiebündel, die gerne abwechslungsreich gefordert werden, um ausgeglichen und glücklich zu sein. Die intelligenten Vierbeiner benötigen täglich Auslauf und zwar bei jedem Wetter. Zwar ist der zottelige Hirtenhund auch mal mit weniger Bewegung zufrieden, dies sollte jedoch nicht zur Regel werden. Ein Tibet Terrier muss richtig rennen und toben können und darf nicht nur an der kurzen Leine geführt werden. Zwar braucht ein Tibi-Halter nicht zwingend selbst eine Sportkanone zu sein, um seinen Hund glücklich zu machen, aber eine reine Couch-Potato wäre auch nicht wirklich nach des Tibis Geschmack, denn er möchte schon gerne etwas erleben und zwar am liebsten gemeinsam mit seinen Leuten. Für rüstige Senioren ist ein Tibet Terrier ebenfalls durchaus geeignet. Auch aktive Outdoorfans, die mit einfühlsamem Hundeverstand auf den cleveren Vierbeiner eingehen und ihn an vielen sportlichen Aktivitäten teilhaben lassen, haben viel Freude an dem wuscheligen Spring-ins-Feld. Kreative Action und Humor dürfen bei ihm nie zu kurz kommen. Sehr wichtig im Leben eines Tibet Terriers ist Denksport. Langeweile ist für den pfiffigen Vierbeiner Gift, denn dann sucht er sich schnell selbst eine Aufgabe. Dabei lebt er auch gern sein enormes Klettertalent aus und entschwindet auf leisen Sohlen aus dem heimischen Grundstück auf der Suche nach neuen, echten Abenteuern. Eine auslastende Beschäftigung ist für den einstigen Arbeitshund daher sehr wichtig. Aufgrund seines Klettergeschicks ist der Tibi

Das lange Fell des Tibis braucht viel Pflege und bringt auch mehr Schmutz ins Haus als kurzes Haar.

übrigens ein toller Begleiter für Bergwanderungen.

Tibet Terrier arbeiten grundsätzlich sehr gerne als unverzichtbare Partner in einem Team. Sie lieben Hundesport jeglicher Art. Die kecken Vierbeiner benötigen also generell sehr viel Zeit und Aufmerksamkeit, zumal sie auch nicht gerne lange alleine bleiben.

Wachsames Überraschungsei

Manche Rassevertreter sind große Wasserratten, die selbst vor schmutzigen und schlammigen Pfützen, geschweige denn dem akkurat angelegten Gartenteich nicht Halt machen. Eine anschließende rundum Panade mit Sand oder Erde scheint das Glück für viele Tibis perfekt zu machen. Allzu penible Menschen werden daher möglicherweise nicht glücklich mit einem nässeliebenden und noch dazu langhaarigen Vierbeiner. Allerdings gibt es natürlich auch etliche Hunde, die mit dem kühlen Nass gar nichts am Hut haben. Diese indi-

Ein Tibet Terrier, der sich langweilt, sucht sich selbst eine Beschäftigung. Dies kann rasch in einer lästigen Marotte enden.

viduelle Vorliebe ist jedoch vorab nur schwer festzustellen, sodass der Tibet Terrier in dieser Hinsicht ein echtes Überraschungsei ist.

Viele Tibis lieben es, wie in ihrer Heimat, einen Ausguck zu haben, von dem aus sie stets alles überblicken. Haben Sie einen Garten, wird Ihr Tibet Terrier schnell einen strategisch günstigen Aussichtspunkt finden und sich gerne dort aufhalten. Bei einer reinen Wohnungshaltung kann es sein, dass Ihr Vierbeiner kurzerhand die Fensterbank oder Couchrückenlehne zum offiziellen Stützpunkt

Sehr gerne suchen Tibet Terrier erhöhte Späherposten auf, um die ganze Umgebung wachsam im Blick zu haben.

mit optimaler Rundumsicht erklärt. Auch dies ist absolut rassetypisch.

Mit Cleverness zum Ziel

Tibet Terrier scheinen über einen regelrechten Sinn für Humor zu verfügen. Sie legen häufig eine sehr lustige Art an den Tag. Daher darf im Umgang mit ihnen ein stetes Augenzwinkern nicht fehlen, neben Konsequenz natürlich, die bei den hochintelligenten Vierbeinern ebenfalls sehr wichtig ist. Außerdem brauchen die Hunde eine ganz klare Linie, an der sie sich orientieren können, sowie genaue Grenzen, an die sie sich halten müssen. Ansonsten kann einem ein Tibet Terrier aufgrund seiner unglaublichen Cleverness auch ganz schön auf der Nase herumtanzen. Zudem ist viel Einfühlungsvermögen, Geduld und ein liebevoller Umgang mit viel Lob und Zuneigung sehr wichtig für die Rasse. Für gänzlich unerfahrene Hundeneulinge ist die Rasse nicht unbedingt geeignet, da man den Vierbeinern in punkto Gewitztheit häufig einen Schritt voraus sein muss, um ans Ziel seiner Wünsche zu gelangen.

Stimmt die Chemie zwischen Ihnen und Ihrem Tibi, wird es (fast) nichts geben, was der anhängliche Hirtenhund nicht für Sie tut.

Menschen, die einen Tibet Terrier rein als Prestigeobjekt ansehen oder den Hund nur aufgrund seines hübschen Aussehens anschaffen, werden auf Dauer nicht glücklich mit einem fordernden Lebewesen wie es ein Hund nun mal ist; auch der Vierbeiner hat hier vermutlich schlechte Karten, mit all seinen Bedürfnissen voll zum Zug zu kommen.

Ist es Ihnen jedoch möglich, einen Tibet Terrier gänzlich in Ihr Leben zu integrieren, geht es nun an die Auswahl des Hundes.

Tipp: Buddelfans

Etliche Tibet Terrier buddeln gerne. Gartenbesitzer müssen daher schon vorab darauf gefasst sein, dass mit dem Einzug eines Tibis auch die Umgestaltung ihres Gartens vorprogrammiert sein kann. Am besten bekommt der kleine Kobold dann eine eigene Buddelecke zugewiesen, in der er seine Leidenschaft nach Herzenslust ausleben darf. Steht hierfür kein natürlicher Bereich zur Verfügung, bietet ein kleiner Sandkasten unter Umständen einen adäquaten Ersatz. Übertriebenes Buddeln kann allerdings Ausdruck von Langeweile und Unterforderung sein.

Haben Sie den richtigen Draht zu Ihrem Tibi, wird er fast alles für Sie tun.

Welpe oder erwachsener Hund?

Ein abenteuerlustiger Welpe kann zuweilen recht anstrengend und nervenaufreibend sein.

Haben Sie sich für die Anschaffung eines Tibet Terriers entschieden, stehen Sie nun vor der Frage, ob Sie einen Welpen oder einen erwachsenen Vierbeiner aufnehmen wollen. Ein Welpe ist wie ein Rohdiamant, den Sie erst schleifen müssen. Dies kostet viel Zeit und Geduld, aber sicherlich auch Nerven und Anstrengungen. Ein junger Hund verlangt ständige Zuwendung, anfangs sogar nachts. Es dauert eine Weile, bis der kleine Kerl stubenrein ist. Außerdem muss er sich an fremde Menschen, Tiere und einen normalen Alltag ge-

wöhnen, und, er muss erst lernen, alleine zu bleiben. Zunächst benötigt ein Welpe drei- bis viermal am Tag Futter. Mehrere kurze Spaziergänge sind für den, sich noch im Wachstum befindlichen, instabilen Bewegungsapparat des Hundekindes, auf den sich zu viel Belastung folgenschwer auswirken kann, sinnvoller als ein ganz langer. Die Erziehung eines jungen Hundes sowie die eventuell etwas renitente Flegelphase werden Sie voll und ganz fordern. Andererseits lässt sich ein Welpe noch gut formen, er entwickelt sich also größtenteils genau zu dem, zu dem Sie ihn machen. Dies gilt natürlich auch im negativen Sinne: Haben Sie nicht von Anfang an eine klare Linie in Ihrer Erziehung, bekommen Sie bald einen aufsässigen, verzogenen Fratz, der Ihnen im Erwachsenenalter schnell über den Kopf wächst.

Mit einem älteren Vierbeiner kann dagegen schon etwas mehr Ruhe in Form einer ausgereiften Hundepersönlichkeit bei Ihnen einzie-

Welpen brauchen von Anfang an klare Regeln, an die sie sich halten müssen.

hen. Ein erwachsener Tibet Terrier ist höchstwahrscheinlich aus dem Gröbsten raus, er ist stubenrein, ist mit Halsband und Leine vertraut, kann ab und zu mal alleine bleiben und kennt mindestens die erzieherischen Grundkommandos wie Sitz, Platz, Hier und Pfui – vorausgesetzt natürlich, er genoss bis zu diesem Zeitpunkt ein gutes Zuhause mit einer entsprechenden Prägung. Ist Ihnen allerdings die vollständige Lebensgeschichte Ihres Tibis bis zum Zeitpunkt des Einzuges bei Ihnen unbekannt, kaufen Sie möglicherweise die „Katze im Sack". Der genaue Charakter, eventuelle Macken und das Verhalten des Vierbeiners zeigen sich erst im alltäglichen Zusammenleben. Daher kann die Aufnahme eines erwachsenen Hundes eher etwas für Kenner sein. Eindeutige Regeln und Grenzen sind sehr wichtig für ein harmonisches Miteinander, deshalb muss dem neuen Familienmitglied seine untergeordnete Stellung im Hunderudel von Anfang an klargemacht werden. Hundeunerfahrene Menschen entscheiden sich also besser für einen Welpen als für einen gänzlich

Während die Aufnahme eines erwachsenen Hundes eventuell etwas mehr Hundeerfahrung verlangt, kann ein Anfänger gemeinsam mit seinem Welpen wachsen und lernen.

unbekannten erwachsenen Vierbeiner. Ersthalter können mithilfe einer guten Hundeschule gemeinsam mit ihrem Welpen wachsen und lernen. So ist bereits der Besuch einer Welpenspielgruppe sehr empfehlenswert, damit der junge Vierbeiner von Anfang an lernt, sich unter Artgenossen hündisch korrekt zu verhalten. Der Einzug eines Welpen erleichtert auch das Zusammengewöhnen mit eventuellen weiteren Haustieren. Halten Sie bereits einen oder mehrere Hunde, hat ein Welpe noch mehr Narrenfreiheit und wird eher spielerisch, aber doch bestimmt in die Rangordnung der anderen Rudelmitglieder eingewiesen. Bei einem erwachsenen, voll ausgereiften Neuzugang können dagegen gleich heftige Kämpfe um die Rudelposition ausbrechen.

Sehen Sie sich unbedingt schon vor der Anschaffung eines Vierbeiners nach einer geeigneten Hundeschule um.

Beachten Sie auch ...

Lassen Sie Ihrem vierbeinigen Neuzugang viel Zeit für die **Eingewöhnung**. *Am besten nehmen Sie sich Urlaub, damit Sie sich erst einmal gegenseitig in Ruhe kennenlernen können. Springen Sie trotzdem nicht den ganzen Tag nur um Ihr neues Familienmitglied herum. Geben Sie Ihrem Hund genug Freiraum, sein jetziges Zuhause selbst zu erkunden. Zeigen Sie ihm andererseits vom ersten Tag an liebevoll, aber bestimmt, was er darf und was nicht. Respektieren Sie auch ausreichende Ruhephasen, in denen Ihr Vierbeiner nicht gestört werden möchte, schließlich sind die vielen neuen Eindrücke anstrengend und ermüdend.*

Die Auswahl des Geschlechts richtet sich nach Ihren individuellen Vorstellungen und Wünschen.

Rüde oder Hündin?

Ob Sie sich für einen Rüden oder eine Hündin entscheiden, ist Geschmacksache. Oft wirken Rüden imposanter und selbstbewusster in der Körperhaltung. Sie sind manchmal hartnäckiger und sturer als Hündinnen. Rüden neigen eher zu sehr selbstbewusstem Verhalten, weshalb ihre Halter bei der Erziehung meist etwas mehr Überzeugungskraft brauchen. Ein Rüdenbesitzer muss sich aber auch von Zeit zu

Ein Rüde kann etwas mehr Durchsetzungsvermögen vom Halter fordern.

Während der Läufigkeit der Hündin ist erhöhte Aufmerksamkeit geboten, damit es keinen unerwünschten Nachwuchs gibt.

Inzwischen gibt es die verschiedensten Möglichkeiten, unerwünschten Nachwuchs zu vermeiden. Lassen Sie sich diesbezüglich tierärztlich beraten.

Zeit auf einen liebeskranken und somit fürchterlich leidenden Vierbeiner einstellen und zwar dann, wenn eine Hündin in der Umgebung läufig ist. Etliche verliebte Casanovas tun ihren Schmerz um die unerreichbare Angebetete sogar lautstark kund; diese Heulorgien können wiederum zu Ärger bei den Nachbarn führen. Außerdem erweisen sich viele liebestolle Vertreter als wahre Ausbrecherkönige, wenn es darum geht, ihrer „Traumfrau" näherzukommen. Ein intakter, genügend hoher Gartenzaun ist also bei unkastrierten Rüden besonders wichtig. Das ständige Markieren eines Rüden ist ebenfalls nicht jedermanns Sache. Hobbygärtner büßen dabei sicherlich die eine oder andere Pflanze ihres Gartens ein. Bei vermeintlich konkurrierenden Artgenossen lassen unkastrierte Rüden gerne den Macho raushängen, der auch mal mit viel Getöse einen Schaukampf um die Rangordnung anzettelt. Solche Auseinandersetzungen sind jedoch meist harmlos, während Hündinnen untereinander, aus der instinktsicheren Sorge um ihren vermeintlichen Nachwuchs, mit echten Beißereien nicht lange fackeln.

In der Regel haben Hündinnen eine femininere Statur als Rüden. Machtkämpfe wie sie bei

Rüden um die hausinterne Rangordnung hin und wieder vorkommen können, sind bei Hündinnen eher selten. Dies kommt jedoch auch auf die Erziehung der Hunde und die sozialen Strukturen innerhalb des Rudels an. Hündinnen geben sich, vor allem hormonell bedingt, auch mal zickig. Eine Hündin wird ein- bis zweimal im Jahr läufig. In diesem Zeitraum, der etwa drei Wochen dauert, ist

Hier blieb die Läufigkeit der Hündin nicht ohne Folgen.

27

Die läufige Hündin

Eine Tibet-Terrier-Hündin wird zum ersten Mal um den achten bis zwölften Lebensmonat läufig. Die erste Läufigkeit fällt meist schwächer aus als die darauf folgenden. Insgesamt dauert die Hitze, die in der Regel zweimal im Jahr auftritt, etwa 21 Tage. Viele Tibet-Terrier-Hündinnen werden auch nur alle 10 bis 12 Monate läufig. Die Läufigkeit unterteilt sich in drei Phasen: Die ersten neun Tage bezeichnet man als sogenannte Vorbrunst (Proöstrus), äußerlich zu erkennen am Anschwellen der Schamlippen. Meist ist die Hündin nun ruhiger, vielleicht etwas launisch, markiert anfangs häufig, manchmal frisst sie schlecht und neigt zum Streunen.

Während des Proöstrus' lässt die Hündin zwar noch keinen Rüden an sich heran, ihr Interesse am anderen Geschlecht wächst jedoch zunehmend. Allmählich tritt immer mehr schleimiges, mit Blut vermischtes Sekret aus der Scheide aus. Die zweite Phase ist die sogenannte Hochbrunst oder Eisprungphase (Östrus). Zu diesem Zeitpunkt wandern die Eizellen vom Eierstock in den Eileiter; dort können sie befruchtet werden. Der Östrus dauert acht bis zehn Tage und ist zu erkennen am weiteren Anschwellen sowie einer noch stärkeren Durchblutung und somit Rötung der Schamlippen. Zu Beginn dieser zweiten Phase verstärken sich die schleimig blutigen Aus-

scheidungen weiter, ehe sie schließlich in einen hellen Ausfluss übergehen. Ab dem neunten Tag der Läufigkeit „steht" die Hündin; nun kann sie aufnehmen. Ihre Paarungsbereitschaft zeigt sie Rüden ganz klar durch eine vermehrte, fast aufdringliche Annäherung und das seitliche Wegknicken ihrer Rute. Nach dem Östrus folgt schließlich der Metöstrus. In dieser Phase klingt die Läufigkeit langsam ab, die Schwellung der Schamlippen geht zurück, der Ausfluss wird immer weniger. Auch das Verhalten normalisiert sich allmählich wieder. Äußere Umstände wie Stress (z. B. anstrengende Arbeitseinsätze von Gebrauchshunden) oder klimatische Einflüsse (z. B. starke Kälte) sowie Krankheiten können die Läufigkeit beeinflussen, sodass sie eventuell auch mal ausbleibt. Es ist außerdem möglich, dass sich die Abstände der Läufigkeit mit zunehmendem Alter der Hündin vergrößern und die Symptome nicht mehr so stark ausgeprägt sind.

Manche Hündinnen werden im Anschluss an ihre Hitze scheinträchtig. Hier schaffen homöopathische Mittel wie Pulsatilla oder Ignatia Abhilfe. Geht die Scheinträchtigkeit jedoch mit Aggressivität, Apathie und übermäßiger Milchbildung einher, kann eine Kastration angebracht sein. Sprechen Sie in diesem Fall mit Ihrem Tierarzt.

besondere Vorsicht geboten, damit es nicht zu unerwünschtem Nachwuchs kommt. Um Flecken im Haus zu vermeiden, ist ein spezielles Hundehöschen mit extra Slipeinlagen aus dem Fachhandel bei manchen Hündinnen ratsam. Daran gewöhnt sich der Vierbeiner in der Regel jedoch schnell, obwohl es immer wieder auch Ausnahmen gibt: Manche Hündinnen versuchen alles, ihre Hose wieder loszuwer-

den. Bei den meisten Tibi-Hündinnen wird ein Höschen jedoch nicht nötig sein, da sie sich selbst sehr sauber halten.

Wollen Sie die Läufigkeit Ihrer Hündin auf Dauer umgehen, schafft eine Kastration Abhilfe. Dieser Eingriff in den Hormonhaushalt der Hündin ist allerdings in Fachkreisen nicht unumstritten.

Die Übernahme eines Tierheimhundes muss gut überlegt werden.

Ein Hund aus zweiter Hand

Die Aufnahme eines Hundes aus zweiter Hand erfordert meist viel Geduld und Einfühlungsvermögen. Die Vorgeschichte eines solchen Vierbeiners liegt oft völlig im Dunkeln, unerwartete Verhaltensweisen können auftreten. Selbst bei einem Tierheim-Welpen wissen Sie häufig nichts Näheres über seine bisherige Haltung. Da schon eine gute Kinderstube sehr wichtig und prägend für eine intakte Hundeseele ist, kann hier bereits einiges schiefgelaufen sein, was sich nur schwer wieder ausbügeln lässt. Auch das Wesen der Elterntiere, die Sie im Tierheim meist nicht kennenlernen, ist ein wichtiger Anhaltspunkt für den späteren Charakter Ihres jetzt ausgesuchten Zöglings. Je nach früheren Erlebnissen hat Ihr junger oder älterer Tibi vielleicht schon einige Macken, die Sie erst allmählich herausfinden müssen. Trotzdem lohnt es sich, diese Nuss behutsam zu knacken.

Besuchen Sie Ihren auserwählten Vierbeiner bereits im Vorfeld, wenn möglich, häufiger und gehen Sie oft mit ihm spazieren, ehe Sie sich endgültig für eine Übernahme entscheiden. Die Auswahl eines Secondhand-Hundes erfordert besondere Sorgfalt, schließlich soll der Vierbeiner mit seiner neuen Familie zu einem echten Glückspilz und nicht, nach seinen ersten auftauchenden Eigenarten, zum erneut abgeschobenen Pechvogel werden.

Wichtig ist, sich und den Hund von Anfang an nicht unter Druck zu setzen. Geben Sie sich für die Gewöhnung aneinander unbedingt ausreichend Zeit. Weisen Sie Ihre Kinder schon im Vorfeld darauf hin, dass der neue Vierbeiner erst einmal Ruhe und Behutsamkeit zur Eingewöhnung braucht. Bevor sie auf ihn zustürmen und ihn streicheln wollen, sollten auch sie erst einmal genau beobachten, wahrnehmen und abwarten.

Beachten Sie …

Die Übernahme eines Tierheimhundes erfordert in der Regel Hundeerfahrung, denn wie erwähnt, liegt die Vergangenheit des Vierbeiners häufig im Dunkeln. Manche Tierheimhunde erscheinen auf den ersten Blick unkompliziert und anpassungsfähig; in unterschiedlichen, oft ganz banalen Situationen des Alltags holen sie jedoch rasch frühere schlechte Erlebnisse ein und lassen sie dementsprechend reagieren. Für Anfänger wird dies unter Umständen zu einem unlösbaren Problem. Hundeerfahrene Menschen können sich dagegen kompetenter und souveräner darauf einstellen und damit auseinandersetzen. Erstlingshaltern sei daher geraten, zunächst einmal einen Welpen von einem seriösen VDH- bzw. FCI-Züchter zu nehmen.

Auswahl von Züchter und Hund

*Wählen Sie Züchter und Hund
mit Bedacht aus und tätigen Sie
keinen Mitleidskauf.*

Entscheiden Sie sich für den Kauf eines Hundes vom Züchter, bekommen Sie eine aktuelle Wurfliste über die Welpenvermittlungsstellen der dem VDH angeschlossenen Rassevereine. Vergleichen Sie verschiedene Zwinger kritisch vor Ort miteinander. Prüfen Sie die Zuchtstätte ganz genau und nehmen Sie nicht den erstbesten Welpen vom erstbesten Züchter. Scheuen Sie sich nicht vor weiten Anfahrtswegen, immerhin geht es um die sorgfältige Auswahl eines neuen Familienmitglieds, mit dem Sie viele glückliche Jahre teilen möchten. Stellen Sie sich auch auf eine eventuelle Wartezeit ein, denn häufig wird nur auf Nachfrage hin gezüchtet. Dies ist allerdings ein gutes Zeichen, spricht es doch für eine reine Hobbyzucht, die primär an die Hunde und nicht an den Profit denkt. Trotzdem muss Ihnen ein gesunder Tibet Terrier Welpe einiges Wert sein: Der durchschnittliche Welpenpreis liegt derzeit bei etwa 1000,– €.

*Sehen Sie sich in der Zuchtstätte genau um.
Sauberkeit und Hygiene sind hier oberstes Gebot.*

Die Welpen sollen mit vollem Familienanschluss aufwachsen, sich bei Ihrem Besuch interessiert, selbstbewusst und freundlich zeigen. Ihr Fell glänzt, sie sind gut genährt und sehen rundum gesund aus. Das Verhalten der Welpen darf weder ängstlich noch aggressiv sein. Nehmen Sie außerdem die Mutter und, falls anwesend, auch den Vater sowie deren Gesundheitszeugnisse gründlich in Augenschein. Beide Elterntiere sollten Ihnen gegenüber zutraulich und freundlich sein.

Achten Sie unbedingt auf Sauberkeit und Hygiene in der Zuchtstätte.

Ein guter Züchter interessiert sich sehr für Sie, Ihr Umfeld und eventuell bereits vorhandene Hundeerfahrung. Außerdem wird er Sie in keiner Weise bedrängen oder Ihnen einen Welpen aufschwatzen. Andererseits fragt er Sie, für welchen Zweck Sie einen Tibet Terrier anschaffen möchten, damit er Ihnen einen geeigneten Welpen aus dem Wurf konkret vorstellen kann, schließlich kennt er seine Hunde und deren Nachwuchs am besten. Das Wohl seiner Hunde liegt einem seriösen Züchter wirklich am Herzen.

Haben Sie sich schließlich für einen Züchter und einen seiner Welpen entschieden, vereinbaren Sie vor der Abholung Ihres Vierbeiners weitere Besuche, damit sich der Kleine schon etwas an Sie gewöhnt. Bringen Sie zusätzlich ein altes Handtuch mit, das in das Welpenlager gelegt, bald nach der Mutter und den Wurfgeschwistern riecht. Bei der Abholung des Welpen nehmen Sie dieses Tuch wieder mit und legen es ihm zu Hause in sein neues Körbchen. Durch den weiterhin vorhandenen bekannten Geruch fällt ihm die Trennung von seiner Kinderstube nicht so schwer.

Nur vom seriösen Züchter

Nehmen Sie Abstand von Mitleidskäufen. Bei dubiosen Schwarzzuchten oder Hundehändlern liegen Herkunft, Aufzucht und Vergangenheit der Hunde oft völlig im Dunkeln, sodass Sie anstelle eines gesunden und wesensfesten Rassehundes schnell eine Mogelpackung bekommen, die Ihnen mit zunächst versteckten Krankheiten und Verhaltensstörungen ein Hundeleben lang Kummer bereiten kann. Das Warten auf einen Welpen von einer kontrollierten VDH- bzw. FCI-Zucht lohnt sich allemal. Hier gelten strenge Zuchtauflagen, die eine gute Basis für das Hervorbringen robuster, gesunder und wesensstarker Vierbeiner bilden. Ein gleichzeitiges Aufziehen mehrerer Würfe (möglicherweise noch von unterschiedlichen Rassen) innerhalb einer Zuchtstätte sollte Sie stutzig machen, spricht dies doch sehr für eine rein kommerzielle Angelegenheit.

Ein verantwortungsvoller Züchter wird viel von Ihnen wissen wollen. Anschließend stellt er Ihnen ganz konkret einen passenden Welpen vor.

Besorgen Sie recht-zeitig vor Einzug Ihres Vierbeiners auch einen Hunde-korb.

Welches Zubehör ist nötig?

Für Ihren Welpen benötigen Sie zunächst ein **Welpenhalsband** oder **-geschirr** und eine leichte Leine. Als Material hat sich Nylon bewährt; im Vergleich zu Leder ist es leichter, stabiler, nässefester und problemloser zu reinigen. Der ausgewach-sene Tibet Terrier braucht später ein größeres Halsband oder Geschirr sowie eine pas-sende, stabile

Leine. Gewöhnen Sie Ihren Hund sofort an das Tragen eines Halsbandes. Bringen Sie am Halsband neben der Steuermarke, eine gra-vierte Plakette oder eine Hülse mit Ihrer Adresse und Telefonnummer an, damit Sie im Falle des Verschwindens Ihres Vierbeiners schnell benachrichtigt werden können. Achten Sie darauf, dass das Halsband nicht zu eng und nicht zu lo-cker sitzt. Ein Finger muss problemlos zwischen Hals und Halsband passen.

Besorgen Sie außerdem für Haus und Garten je ein Set mit einem **Futter-** und einem **Wassernapf**. Sehr gut geeignet, da leicht zu reinigen, sind Edelstahl-, Keramik- oder sta-bile Plastiknäpfe.

Bei der Wahl des richtigen **Welpenfutters** lassen Sie sich am besten vorab von Ihrem Züchter beraten. Meist gibt der Züchter auch noch etwas des gewohnten Welpenfutters für den Anfang mit.

Natürlich dürfen auch **Belohnungs-leckereien** nicht fehlen.

Spezielle Leckerlis dürfen in keinem Hundehaushalt fehlen.

Schlafplatz, Fellpflege und Spielzeug

Ihr Hund braucht seinen eigenen **Liege-platz**. Manchen Vierbeinern reicht hier eine einfache Decke oder ein Kissen, andere kuscheln sich lieber in einen Korb. Wichtig ist auch hier die Möglichkeit einer leichten, unproblematischen Reinigung, denn angemessene Sauberkeit und Hygiene sind eine wichtige Basis für ein langes, gesundes Hundeleben. Alle Decken und Kissen müssen maschinenwaschbar sein. Ein Korb wird von Zeit zu Zeit ausgeschrubbt und anschließend mit Ungezieferspray behandelt. Hunde „körbe" gibt es inzwischen nicht nur aus Rattangeflecht, sondern auch aus stabilem, beißfestem Plastik oder aus Schaumgummi mit Stoffüberzug. Für den Junghund, der noch alles annagen und zerbeißen will, hat sich als Übergangslösung ein großer, mit einer Decke ausgelegter Karton bewährt, der schnell und preiswert ausgetauscht werden kann.

Ebenfalls praktisch und vielseitig verwendbar ist eine große **Plastik-Transportbox** oder eine Klappbox aus verchromtem Stahlgitter. Während Ihr Welpe darin bereits ein heimeliges Lager vorfindet, in dem Sie ihn während Ihrer Abwesenheit auch mal für kürzere Zeit ausbruchssicher verwahren können, weiß später sogar Ihr erwachsener Tibi diese Rückzugsmöglichkeit zu schätzen, vermittelt das Innere solch einer Box doch die Geborgenheit einer Höhle. Bei einer Klappbox kommt dieses Höhlenfeeling erst richtig auf, wenn Sie sie noch mit einem großen Tuch abdecken. Eine Box ist ebenfalls sehr hilfreich, Ihren Hund sicher im Auto unterzubringen. Eine ordnungsgemäße Sicherung des Vierbeiners in einem Auto ist übrigens Pflicht; bei Verstoß drohen hohe Geldstrafen. Andere **Sicherungssysteme** für die Autofahrt sind beispielsweise ein spezieller Hundegurt in Verbindung mit einem Geschirr, mit dem Sie

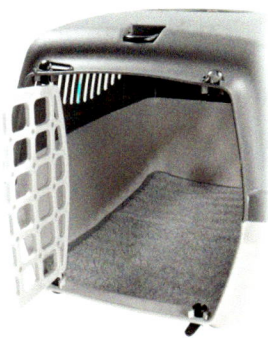

Ihren Tibet Terrier auf der Rückbank anschnallen oder stabile Trenngitter, die den Schrägheckkofferraum, in dem Ihr Hund sitzt, sicher vom Personenabteil abtrennen.

Für die Beförderung in öffentlichen Verkehrsmitteln ist mancherorts ein Maulkorb vorgeschrieben, auch wenn Ihr Hund ganz friedlich ist.

Damit Ihr Tibet Terrier gepflegt aussieht und sich wohlfühlt, ist regelmäßige Pflege sehr wichtig, die Sie sich am besten von Ihrem Züchter zeigen lassen. Spezielle **Bürsten** und **Kämme** bekommen Sie im Fachhandel. Für Schlechtwettertage sind **Handtücher** zum Abtrocknen und Säubern unverzichtbar. Schaffen Sie sich zudem eine **Zeckenzange** an, um Ihren wedelnden Freund schnell von den lästigen Plagegeistern befreien zu können. Zu guter Letzt braucht Ihr vierbeiniger Jungspund natürlich **Spielzeug**.

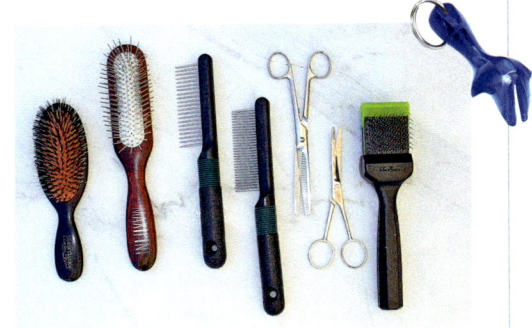

Für die Fellpflege eines Tibet Terriers benötigen Sie spezielle Bürsten, Kämme und Scheren.

33

Das richtige Hundespielzeug

Bei der Auswahl von Hundespielzeug orientieren Sie sich am besten an folgendem Grundsatz: Alles, was für Kleinkinder ungeeignet ist, kann auch für Hunde gefährlich werden. So sind spitze, scharfkantige und splitternde Gegenstände oder Dinge, in denen Drähte oder Nägel enthalten sind, für unsere Vierbeiner absolut tabu. Ebenfalls verboten sind Äste von giftigen Bäumen oder Sträuchern und lackierte Hölzer. Luftballons stellen eine Gefahr dar, weil sie zerbissen schnell heruntergeschluckt werden und eine Darmverschlingung hervorrufen können. Ihr Tibet Terrier darf sich nicht an den Spielsachen Ihrer Kinder wie beispielsweise Legobausteinen sowie an Schnüren, Nylon-

strümpfen, Windlichtern oder Plastikbechern vergreifen. Unproblematisch sind spezielle Hundespielsachen aus Hartholz, Jute, Hartgummi, Stoff und reißfestem Nylon. Kauspielzeug aus natürlichen Materialien wie Rinder- und Büffelhaut bietet nicht nur eine interessante Beschäftigung, sondern hat gleichzeitig einen gesundheitlichen Nutzen, denn es stärkt und reinigt das Gebiss. Bälle müssen immer so groß sein, dass Ihr Hund sie nicht verschlucken kann. Quietschspielzeug ist nur bedingt geeignet, denn ist Ihr Vierbeiner ein besonders eifriger „Spielzeug-Designer" zerlegt er auch ein Quietschtier schnell und frisst möglicherweise sogar das quietschende Ventil. Zudem sind einige Kynologen der Meinung, dass ein Hund durch das ständige Quietschen die Beißhemmung gegenüber quiekenden Artgenossen verlernt. Besser bewährt haben sich Spielsachen aus robustem Hartgummi. Ein begeisterter Apporteur sollte wegen der Splittergefahr auf Stöckchen aus dem Wald verzichten. Besorgen Sie ihm stattdessen lieber Hartholzspielzeug aus dem Zoofachhandel oder schneiden Sie einen Gartenschlauch in Tibi-gerechte

Passendes Spielzeug darf für einen Hund nicht fehlen. Der Fachhandel hält hier eine große Auswahl bereit.

Plüschtiere sollten keine verschluckbaren Teile wie Glausaugen oder Knöpfe aufweisen.

Stücke. Als Alternative gibt es Dummys oder Bringsel aus Jute oder Leder, die absolut maulschonend sind. Ein aus bunten Baumwollschnüren zusammengedrehter Knoten ist zwar sehr beliebt, kann jedoch gefährlich werden, wenn der Vierbeiner den Knoten zerlegt und zu viele Schnüre davon verschluckt. Verzichten Sie anfangs jedoch auf Zerrspiele mit Ihrem Welpen, denn diese können bei ihm zu bleibenden Gebissfehlstellungen füh-

ren. Außerdem kann ein übermäßiges Kämpfen und Raufen um ein Spieltau zu Rangordnungsproblemen führen, wenn Ihnen der kleine Kerl die Beute streitig macht.

Entschärfen Sie in Haus und Garten schon vorab mögliche Gefahrenquellen für Ihren vierbeinigen Jungspund.

Welpensicheres Zuhause

Überprüfen Sie Ihr Zuhause schon vor dem Einzug eines Welpen auf mögliche Gefahrenquellen hin für den kleinen Vierbeiner und beseitigen Sie diese gegebenenfalls. Für den noch unerfahrenen, verspielten Tibet Terrier, der ständig auf der Suche nach neuen Abenteuern ist, lauern etliche Gefahren in Haus und Garten. Welpen erkunden ihre Umgebung in erster Linie mit der Nase und mit den Zähnen, das heißt: Alles, was der junge Hund aufstöbert, muss beknabbert oder sogar gefressen werden. Besonders gefährlich und gefährdet sind hier Kabel und mobile Mehrfachsteckdosen. Verlegen Sie Kabel daher entweder in Kabelkanälen oder lagern Sie diese höher, solange der Welpe noch in der Flegelphase ist. Versehen Sie Steckdosen am Boden und in Nasenhöhe des vierbeinigen Knirpses vorsichtshalber mit Kindersicherungen. Bewahren Sie ebenfalls außer Reichweite des jungen Tibet Terriers Putzmittel und Medikamente auf.

Erhöhte Vorsicht gilt bei Pflanzen, besonders, wenn sie giftig sind. Stellen Sie auch diese vorübergehend hoch oder quartieren Sie sie an einen anderen Ort um. Ein weiteres großes Gefahrenpotenzial stellen heruntergefallene Kleinteile wie Büroklammern, Stecknadeln oder Geldstücke dar, weil sie der Welpe aus Neugier fressen könnte. Von ganz besonderer Anziehungskraft sind Schuhe. Junghunde spüren häufig mit einer erstaunlichen Zielsicherheit gerade das teuerste Paar auf und zerlegen es; vielleicht waren Sie aber auch schneller und haben die Schuhe rechtzeitig in Sicherheit gebracht. Hängen Sie auch Jalousie- und Rollobänder vorübergehend höher, denn das Fangen und Zerbeißen der „baumelnden" Schnüre ist ebenfalls sehr beliebt.

Besonders interessiert ist der Welpe überall dort, wo es etwas auszuräumen gibt. Sichern Sie daher Möbeltüren oder Schubladen, die Ihr abenteuerlustiger Vierbeiner eventuell andernfalls mit seiner Schnauze oder Pfote öffnet. Ein mit einem Vorhang abgehängtes Regal regt enorm die Neugier eines jungen Hundes an; evakuieren Sie also rechtzeitig empfindliche Gegenstände. Höchst attraktiv sind auch Abfalleimer, deren Inhalt Ihren Tibet Terrier auf vielfältige Art schädigen kann. Steigen Sie deshalb besser auf Abfalleimer mit fest verschlossenem Deckel um. Nicht zuletzt ist das

Vorsicht mit Treppen: Sie können für einen toben-den Welpen schnell gefährlich werden.

Tipps für den Garten

Auch im Garten kann es für einen jungen Hund gefährlich werden. Denken Sie hier an Folgendes:

ⓘ *Umzäunen Sie Ihr Grundstück, damit sich Ihr Welpe nicht unerlaubt auf Wanderschaft begibt.*

ⓘ *Flicken Sie rechtzeitig vor Ankunft des Vier-beiners Löcher im bereits vorhandenen Zaun.*

ⓘ *Lagern Sie Gift, wie beispielsweise Frost-schutzmittel für das Auto, in der Garage, am besten in einem verschließbaren Schrank.*

ⓘ *Vorsicht mit der Aufbewahrung und Verwen-dung von Chemikalien im Garten (z. B. Dünger, Schneckenkorn etc.).*

ⓘ *Hängen Sie den Gartenschlauch sicherheits-halber auf.*

ⓘ *Bewahren Sie gefährliche Gartengeräte wie Scheren, Sägen, Rechen und Hacken außer Reichweite Ihres Hundes auf.*

ⓘ *Komposthaufen sollten für Ihren Tibet Terrier unzugänglich sein.*

ⓘ *Vorsicht mit stacheligen Hecken und Büschen: Toben kann hier schnell ins Auge gehen!*

ⓘ *Sichern Sie einen eventuell vorhandenen Gartenteich.*

Selbst ein ungesicherter Gartenteich birgt für einen Welpen Gefahren.

wilde Toben des kleinen Rackers gefährlich: Ist ein Welpe erst einmal in Fahrt, kennt er kein Halten mehr. Sichern Sie Treppen daher am besten mit einem Babygitter.
Natürlich müssen Sie generell alles Zerbrech-liche aus dem Weg räumen.

Zusammenfassend gilt Alles, was für Babys oder Kleinkinder in einem Haushalt ge-fährlich ist, kann auch für einen jungen Hund lebensbedrohlich werden. Richten Sie sich je-doch durch entsprechende Vorkehrungen rechtzeitig darauf ein, wird das Zusammen-leben mit Ihrem Tibi-Welpen in der heißen (Flegel-)Phase sicherlich stressfreier sein.

Die ersten Tage daheim

Ab einem Alter von 8 Wochen ist ein Welpe reif für den Umzug in ein neues Zuhause.

Ein seriöser Züchter gibt seine Welpen geimpft und entwurmt nicht vor der achten Lebenswoche ab. Am Abgabetag stattet er Sie mit dem Impfpass, der FCI-Ahnentafel (falls diese bereits vorliegt), Pflege-, Fütterungstipps und Futter für den Übergang aus. Außerdem sollten Sie auch eine Kopie des Wurfabnahmeberichtes erhalten. Vergessen Sie zur Abholung Ihres Hundekindes Welpenhalsband und Leine nicht. Viele Züchter geben dies und anderes Zubehör wie Spielzeug, Decke, Kämmutensilien etc. auch schon mit. Wenn Sie berufstätig sind, nehmen Sie sich mindestens in den ersten zwei Wochen nach Einzug des Vierbeiners frei. Dies erleichtert nicht nur die Erziehung zur Stubenreinheit, sondern ist auch für die gesunde, seelische Entwicklung des Hundebabys sehr wichtig.

Lassen Sie sich für die Heimfahrt viel Zeit. Eine längere Autofahrt ist für Ihren Welpen neu und ungewohnt. Manchen Hundekindern wird zunächst einmal übel, einige speicheln daraufhin nur, andere müssen sich übergeben. Vergessen Sie für diesen Fall nicht, eine Küchenrolle einzupacken. Fragen Sie am besten schon vor der Abholung Ihren Züchter, ob er Ihnen den Welpen ungefüttert übergeben kann, damit der Magen des Kleinen für die Autofahrt leer ist. Legen Sie unterwegs mehrere Pausen ein, in denen sich Ihr kleiner Tibet Terrier lösen und bewegen kann. Fahren Sie langsam und knallen Sie nicht mit den Autotüren.

Ihr Welpe zieht ein

Geben Sie Ihrem Welpen nach Ihrer Ankunft zu Hause erst einmal genügend Zeit und Möglichkeit, sein neues Domizil ausgiebig zu erkunden. Auf keinen Fall dürfen alle Familienmitglieder gleichzeitig auf ihn einstürmen. In den ersten Stunden ist Behutsamkeit angebracht, damit der neue Mitbewohner nicht verängstigt wird. Zeigen Sie Ihrem Welpen seinen Schlafkorb. Setzen Sie ihn immer wieder hinein und beschäftigen Sie sich dort eine Weile mit ihm. Verbinden Sie dies schon von Anfang an mit dem Kommando „Körbchen". So merkt er bald, dass der Korb sein Platz ist und lernt schnell, auch auf Befehl dorthin zu

Nehmen Sie sich für die Heimfahrt mit Ihrem Welpen viel Zeit und legen Sie bei einer längeren Autofahrt mehrere Pausen ein.

Gewöhnen Sie Ihren Welpen sofort an sein Körbchen.

gehen. Hat sich die erste Aufregung im neuen Heim für den Kleinen etwas gelegt, bekommt er sein Futter. Ein achtwöchiger Welpe muss drei bis vier Mahlzeiten erhalten. Eine Futterumstellung darf nur langsam erfolgen. Am besten mischen Sie hierfür nach und nach das mitgegebene Futter des Züchters mit Ihrem eventuell neuen Futter. Nach dem Füttern bringen Sie den Welpen sofort nach draußen, damit er sich lösen kann. Genauso verfahren Sie nach dem Spielen und wenn Ihr junger Tibi nach dem Schlafen aufwacht.
Beachten Sie, dass ein Welpe zunächst wie ein Baby noch sehr viel Schlaf braucht, ein Bedürfnis, dem Sie unbedingt Rechnung tragen sollten. Zur Erleichterung der Eingewöhnung

nachts stellen Sie das Körbchen am besten an Ihr Bett. Ist Ihr Hund sehr unruhig, legen Sie ihm einen Wecker unter sein Kissen. Das Ticken erinnert ihn an den Herzschlag der Mutter und beruhigt ihn. Werden Sie, ob dieses kleinen, niedlichen und vermeintlich hilflosen Geschöpfes nicht schwach und lassen den Welpen ins Bett. Damit tun Sie sich und dem Hund keinen Gefallen. Dies wäre bereits der erste Schritt für den kleinen Neuankömmling in der Rangordnung mit Ihnen zu konkurrieren. Streicheln Sie Ihren, in seinem Körbchen liegenden Vierbeiner lieber von Ihrem Bett aus in den Schlaf. Die zärtliche Berührung mit Ihrer Hand gibt ihm all die Geborgenheit und das Vertrauen, das er braucht, um als Hundebaby einem neuen aufregenden Tag entgegen zu schlafen.

Verbieten Sie von Anfang an, was Sie auch später nicht haben möchten.

Tierheimhunde brauchen Zeit

Ein Secondhand-Hund benötigt besonders viel Zeit zur Eingewöhnung. Um ein besseres Bild von seiner Persönlichkeit zu bekommen, beobachten Sie den Neuankömmling ganz genau. Rasch finden Sie heraus, ob Sie nun ein extremes Sensibelchen oder eher ein forsches Raubein im Haus haben. Lassen Sie Ihrem Neuzugang nichts durchgehen, was er auch später nicht tun darf. Ein ehemaliger Tierheimhund wird in einer neuen Familie zunächst mit Reizen überflutet, die er erst einmal in Ruhe verarbeiten muss. Trotzdem ist es wichtig, Ihren Tibet Terrier von Anfang an so natürlich wie möglich an Ihrem normalen Tagesablauf teilhaben zu lassen. Führen Sie sofort feste Fütterungs-, Spiel- und Spaziergehzeiten ein, damit Ihr vierbeiniger Kamerad bald seinen festen Rhythmus kennt. Hat sich die erste Aufregung gelegt, wird Ihr Hund auch Sie ganz genau beobachten. Einem Tibet Terrier entgeht nichts.

Er durchschaut schnell, wer in der Familie das Sagen hat und wer nicht und wo es Schwachstellen in der familieninternen Rangordnung gibt. Daher ist es besonders wichtig, klare Regeln vorzugeben, die der Vierbeiner strikt einhalten muss. Ihr Tibet Terrier ist rasch ausgeglichen und glücklich, wenn er sofort einen eindeutigen Platz in der neuen Lebensgemeinschaft einnimmt, mit einem Mensch an der Spitze, an dem er sich orientieren kann.

Die ersten Ausflüge

Auf Ihren ersten Spaziergängen sehen Sie, wie sich Ihr wuscheliger Neuzugang Artgenossen gegenüber verhält. Auch für einen erwachsenen Tibet Terrier ist der regelmäßige Kontakt zu anderen Hunden nötig. Laden Sie Freunde mit Ihren Vierbeinern zu sich nach Hause ein: Da Ihr Hund anfangs noch kein Revierbewusstsein hat, wird er alles akzeptieren, was er in seinem neuen Heim vorfindet. Nutzen Sie diese Tatsache aus und machen Sie Ihren Tibi möglichst bald mit eventuellen anderen Haustieren bekannt. Auch wenn Ihr neuer Kamerad in seiner Prägephase eine gute Sozialisierung erfahren hat, ist der Besuch einer Hundeschule empfehlenswert. Ein Secondhand-Hund kann hier zusammen mit seinem Halter noch sehr viel lernen. Erziehungstechnisch brauchen Sie bei einem erwachsenen Hund meist nicht ganz bei Null anzufangen, sondern können auf die bereits vorhandenen Grundlagen aufbauen. Wichtig ist, dass Ihr Tibet Terrier nun Sie als neuen Hundeführer und somit Kommandogeber akzeptiert. Zeigen Sie daher unbedingt Konsequenz und Einfühlungsvermögen und bauen Sie behutsam eine vertrauensvolle Bindung zu Ihrem neuen Hausbewohner auf. Außerdem muss es Ihrem Tibi Spaß machen, Ihnen zu gehorchen, die richtige Motivation ist also das A und O einer erfolgreichen, partnerschaftlichen Erziehung.

> ### Tipp für Secondhand-Hundebesitzer
>
> *Um herauszufinden, welche Talente und Vorlieben Ihr Vierbeiner hat, kann eine kompetente Hundeschule sehr hilfreich sein. Hier werden meist auch Spiel-, Spaß- und Sportkurse angeboten, die jeden Vierbeiner seinen Neigungen entsprechend fordern. Die intensive gemeinsame Beschäftigung mit Ihrem Hund wird Ihre Bindung zueinander weiter fördern und Sie bald zu einem unzertrennlichen Dream-Team zusammenschweißen.*

Bei einem erwachsenen Hund sind häufig schon Erziehungsgrundlagen vorhanden.

Sozialisierung

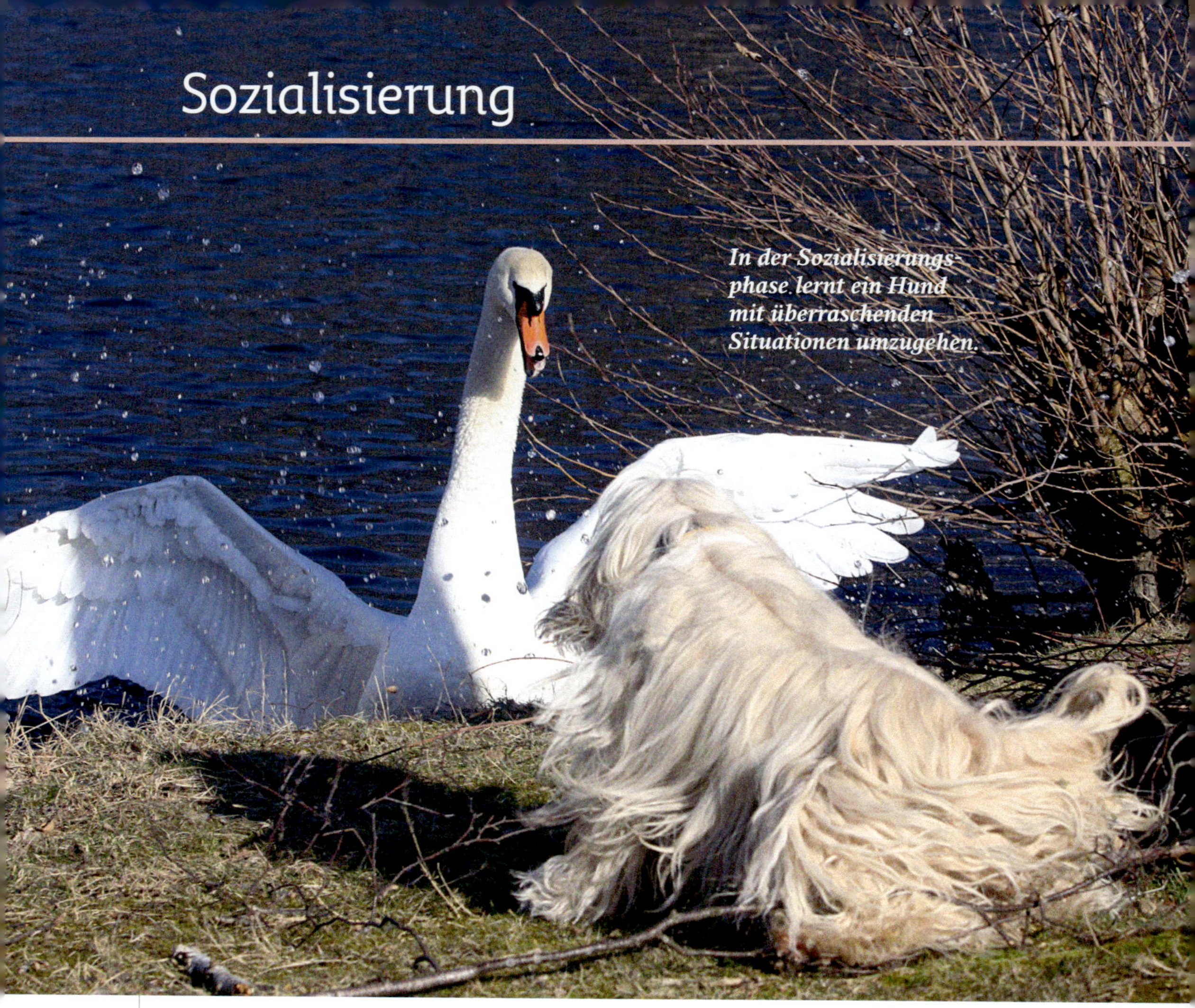

In der Sozialisierungsphase lernt ein Hund mit überraschenden Situationen umzugehen.

Schon der Welpe muss mit möglichst vielen Umweltreizen vertraut gemacht werden, damit er später als erwachsener Hund einen stressfreien Alltag mit einem sozialverträglichen Verhalten gegenüber Mensch und Tier leben kann. Die wichtigste Zeitspanne für die Sozialisierung liegt zwischen der dritten und etwa der 16. Lebenswoche. Für die erste Phase ist also der Züchter verantwortlich: Dort soll der Welpe nicht nur durch den Umgang mit seiner Mutter und den Wurfgeschwistern hündisches Verhalten lernen, sondern auch möglichst viele positive Erfahrungen mit verschiedenen Menschen, einschließlich Kindern, sind für die weitere Entwicklung des kleinen Vierbeiners wichtig. Deshalb sind bei einem verantwor-

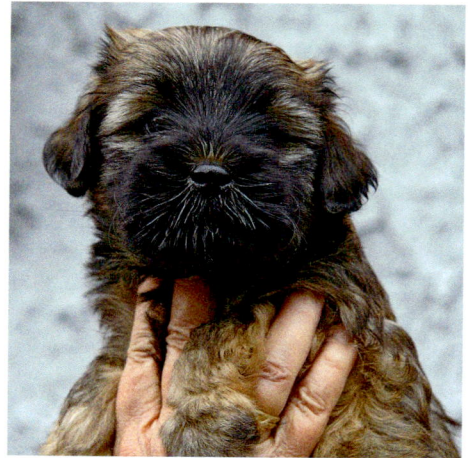

Auch die Prägung auf verschiedene Menschen erfolgt bereits in einer verantwortungsvollen Zuchtstätte.

tungsvollen Züchter ab der vierten Woche Besucher willkommen, selbstverständlich wohldosiert, um die Welpen nicht zu überfordern. Durch eine abwechslungsreiche Umgebung, wie beispielsweise einem interessanten, kleinen Abenteuerspielplatz im Welpenauslauf, wird das Hundekind bereits mit diversen Umweltreizen vertraut gemacht. Kurze Ausflüge sind dagegen erst erlaubt, wenn der Welpe komplett geimpft ist (ab der achten Lebenswoche). Hundekinder, die bis zu ihrer Abholung (und auch danach) völlig abgeschottet von ihrer Umwelt leben, tragen in der Regel irreparable Schäden davon, die sie an einer normalen Entwicklung hindern. Solche Hunde bleiben häufig ihr Leben lang unglückliche Sorgenkinder, die sich ständig als unsichere Angsthasen oder auch Beißer gebärden. Zudem zieht dies auch negative gesundheitliche Auswirkungen nach sich.

Nach der Abholung Ihres Tibet Terriers vom Züchter liegt die weitere Entwicklung des Welpen in Ihrer Hand. Machen Sie ihn zu Hause mit möglichst vielen Situationen bekannt: Sperren Sie ihn beispielsweise nicht weg, wenn Sie staubsaugen oder wenn Besuch kommt. Dies bedeutet natürlich nicht, dass Sie sofort nach der Ankunft des Vierbeiners den Staubsauger schwingen oder gar eine große Party feiern sollen. Vielmehr macht's die richtige Dosierung, damit Ihr junger Tibi langsam, aber sicher alle Geräusche und Abläufe um ihn herum als völlig normal ansieht. Leben noch andere Tiere bei Ihnen, gewöhnen Sie alle Vierbeiner ganz behutsam aneinander. Auf Stadtausflüge wird Ihr Welpe optimal vorbereitet, wenn Sie Großstadtgeräusche zunächst von einem Band abspielen. Am günstigsten ist dies während der Fütterung, denn dann verknüpft Ihr kleiner Tibet Terrier die ungewohnten Geräusche gleich mit etwas Positivem. Steigern Sie die Lautstärke allerdings erst allmählich. Gewöhnen Sie Ihren jungen

Nachdem der Welpe bei Ihnen eingezogen ist, liegt es nun an Ihnen, wie er sich weiter entwickelt.

Vierbeiner ebenfalls frühzeitig an die Mitnahme und das gesittete Verhalten im Auto und in öffentlichen Verkehrsmitteln.

Durch neue Eindrücke lernen

Während Ihrer Spaziergänge lassen Sie den Welpen in Ruhe seine Umgebung erkunden. Streuen Sie zwischendurch kleine Spielchen ein, die all seine Sinne und vor allem auch das Interesse an Ihnen wecken. Auf diese spielerische Art merkt Ihr Tibet Terrier schnell, dass es sich lohnt, Ihnen zu folgen. Wechseln Sie öfter mal die Wege und provozieren Sie Begegnungen mit Artgenossen, anderen Tieren und Menschen. Beginnen Sie hier bereits spielerisch die Erziehung, indem Sie Ihrem Tibi beispielsweise durch Ablenkung mit einem verlockenden Spielzeug oder besonderen Leckerbissen schon beibringen, fremde Menschen nicht anzuspringen. Respektieren Sie auch, wenn ein anderer Hundebesitzer von einem Zusammentreffen mit Ihnen Abstand nimmt. Nehmen Sie Ihren Welpen dann lieber an die kurze Leine und gehen Sie ohne direk-

Häufiger Hundebesuch bei Ihnen daheim ist förderlich für eine gute Verträglichkeit mit Artgenossen.

ten Kontakt am anderen Vierbeiner vorbei, schließlich muss Ihr Tibet Terrier auch lernen, sich in solchen Situationen manierlich zu verhalten. Das Kennenlernen verschiedener Bodenuntergründe und von Wasser fällt ebenso in die wichtige Sozialisierungsphase. Unbedingt empfehlenswert ist der Besuch einer Welpenspielstunde in einer guten Hundeschule. Hier lernt der junge Vierbeiner zusammen mit gleichaltrigen Artgenossen, wie er sich hündisch korrekt verhält. Außerdem wird er dort mit unterschiedlichen Geräuschen und Gegenständen wie zum Beispiel einem aufgespannten Regenschirm oder flatternden Folien vertraut gemacht. Gehen Sie allerdings erst mit Ihrem Welpen auf den Hundeplatz, wenn

er geimpft und somit gegen diverse Infektionskrankheiten grundimmunisiert ist.

Um eine gute Verträglichkeit mit Artgenossen zu fördern, empfiehlt sich zudem häufiger Hundebesuch bei Ihnen daheim. Da Ihr Tibet Terrier dann nicht mehr als vierbeiniger Alleinherrscher im Mittelpunkt steht, kann dies sogar „Einzelkindallüren" entgegenwirken.

So finden Sie die passende Hundeschule

Hundeschulen und Tiertrainer gibt es inzwischen an vielen Orten. Welche Möglichkeiten Sie in Ihrer Region haben, wissen in der Regel

Tierärzte, örtliche Tierheime oder andere Hundehalter. Auch überregionale Verbände und Organisationen sind kompetente Ansprechpartner. Haben Sie nun eine konkrete Hundeschule im Auge, prüfen Sie das Angebot anhand der Fragen im Kasten (siehe rechts) genau.

Merken Sie, dass Sie mit dem Trainer oder der angebotenen Methode nicht zurechtkommen, wechseln Sie die Hundeschule. Handeln Sie immer im Interesse Ihres Hundes. Nur ein Tibet Terrier, der Spaß an der Sache hat, lernt gerne und leicht. Auch Sie können in einer kompetenten und sympathischen Hundeschule nette Freundschaften und Kontakte mit Gleichgesinnten knüpfen und einen wichtigen Erfahrungsaustausch pflegen.

ⓘ *Ist der Trainer schon am Telefon bereit, ausführlich Fragen zu beantworten und fragt er Sie auch viel über Sie und Ihren Hund?*

ⓘ *Nach welcher Methode wird trainiert?*

ⓘ *Kann der Trainer eine fundierte Ausbildung nachweisen?*

ⓘ *Gibt es ein (eingezäuntes!) Trainingsgelände, auf dem die Hunde in Trainingspausen auch mal miteinander spielen dürfen?*

ⓘ *Wie groß sind die Trainingsgruppen? Zu große Gruppen lassen kaum noch Spielraum für die genaue Beobachtung und Beratung eines jeden Einzelnen.*

ⓘ *Gibt es auch Einzelstunden für individuelle Probleme?*

ⓘ *Stehen die Kosten in einem vernünftigen Verhältnis zum Angebot?*

ⓘ *Sind ein anfängliches Zusehen sowie ein Probetraining möglich?*

ⓘ *Stimmt die Chemie zwischen Ihrem Vierbeiner und dem Trainer sowie zwischen Ihnen und dem Trainer?*

ⓘ *Freut sich Ihr Vierbeiner, wenn es auf den Hundeplatz geht und hat er Spaß am Training?*

ⓘ *Macht Ihr Hund langfristig Fortschritte?*

Das ausgelassene Spiel mit Artgenossen sollte in größeren Trainingspausen erlaubt sein.

Welpenspielplatz zu Hause

Leicht können Sie Ihrem Welpen zu Hause mit einfachen und ganz alltäglichen Dingen einen Abenteuerspielplatz kreieren. Führen Sie Ihr Hundekind an alle Stationen langsam heran und zeigen Sie ihm alles ganz behutsam. Loben Sie Ihren Welpen ausgiebig, wenn er mutig die neue Umgebung erkundet. Haben Sie Geduld mit Angsthasen, aber kein Mitleid. Dieses menschliche Gefühl würde ihn in seiner Angst nur noch bestärken. Loben Sie Ihren Welpen aber für jeden kleinen Schritt mit Leckerli und freundlicher, beruhigender Stimme.

Ein abwechslungsreicher Abenteuerspielplatz in Ihrem Garten ist für Ihren Welpen ein großer Spaß.

- Stellen Sie einen großen, offenen Karton auf, den Ihr Vierbeiner nach Herzenslust erkunden und anschließend auch zerlegen darf.
- Hängen Sie alte, bunte Stofffetzen an eine Wäscheleine: Hier lernt der Kleine, sich nicht von flatternden Dingen aus der Ruhe bringen zu lassen. Eine Stufe schwieriger wird's mit Folienresten, denn diese rascheln auch noch.
- Legen Sie eine Leiter auf den Boden und führen Sie Ihren jungen Tibet Terrier langsam darüber; hier ist Koordination gefragt, denn er lernt, seine Pfoten genau in die Leerräume zwischen den Sprossen zu setzen. Achten Sie darauf, dass der Welpe über die Sprossen schreitet und nicht springt. Wissenschaftliche Untersuchungen belegen, dass dies eine ausgeprägtere Verzweigung der Nervenbahnen im Gehirn zur Folge hat.
- Stellen Sie eine Hundetransportbox mit geöffneter Tür auf und verteilen Sie in der Box Leckerli. So wird der Welpe schon spielerisch mit der Box vertraut gemacht, verknüpft sie mit etwas Positivem (Futter) und empfindet später die Reise darin als etwas ganz Normales. Achten Sie darauf, dass Sie dem Welpen von Anfang an ein Kommando zum Herauskommen geben. Sagen Sie dieses, bevor er die Kiste von selbst verlassen möchte. Das Herauskommen auf Kommando belohnen Sie mit Futter.
- Legen Sie eine große Malerfolie auf dem Boden aus: Dies ist ein unbekannter, raschelnder und glatter Untergrund, den es zu betreten gilt; streuen Sie für Zaghafte Leckerli auf der Folie aus.
- Selbst ein Zelt ist ein interessantes Erkundungsobjekt, das sowohl durch die Überdachung als auch durch den Zeltboden neu und aufregend ist.

Flatternde Papierbögen oder Stofffetzen sollen den Kleinen nicht beunruhigen.

- Stellen Sie zum genauen Erforschen einen aufgespannten Sonnenschirm auf den Boden, legen Sie als Lockmittel Leckerli darunter aus.
- Legen Sie einen Eimer auf den Boden, den Ihr Hundekind ausgiebig erkunden darf.
- Lassen Sie zunächst in großer (!) Entfernung vom Welpen eine aufgeblasene Butterbrottüte platzen, sodass er den Knall erst nur sehr gedämpft hört; zusätzlich kann er währenddessen von einer zweiten Person mit Futter abgelenkt werden. Erhöhen Sie ganz langsam die Intensität des Geräusches. Auf diese Weise lernt ein Welpe Silvesterknallerei und Donnergrollen zu trotzen. Selbstverständlich funktioniert diese Übung auch wieder über eine aufgenommene Kassette oder CD. Beginnen Sie jedoch wie immer erst ganz leise und steigern Sie die Lautstärke langsam.

Bitte beachten Sie Auf keinen Fall ersetzt dieser Spielplatz daheim das Welpenspielen mit Artgenossen auf einem Hundeplatz. Er stellt lediglich eine gute Ergänzung dar, die Ihren Vierbeiner anderen Alltagssituationen gegenüber selbstbewusster und gelassener werden lässt.

Auch eine kleine Rampe ist spannend zu entdecken.

Erste Erziehungsschritte

Beginnen Sie sofort spielerisch mit der Erziehung Ihres Welpen.

Gerade Ersthalter lassen sich häufig vom süßen Blick und putzigen Verhalten ihres neuen Familienmitglieds einwickeln und verschieben die Erziehung des kleinen Rackers zunächst einmal auf unbestimmte Zeit. Machen Sie diesen Fehler nicht. Am aufnahmefähigsten ist ein Welpe bis zur 18. Lebenswoche, nützen Sie also diese Zeit und fangen Sie sofort mit einer spielerischen Erziehung an.

Ganz entscheidend für die Lernbereitschaft und damit auch die Lernfähigkeit ist das Lernklima. Stress und Angst sind Gift für ein erfolgreiches Lernen. Sicherlich können Sie das aus eigener Erfahrung gut nachvollziehen. Verschaffen Sie Ihrem Hund daher eine ruhige, angenehme und entspannte Atmosphäre, in der er, verstärkt durch die richtige Motivation, Spaß am Lernen hat.

Ihr Welpen beobachtet Sie genau und lernt auch über Ihr Verhalten.

Wie lernt ein Welpe?

ⓘ *Welpen sind ganz genaue Beobachter und lernen somit rasch, wovor Sie Angst haben, wen Sie mögen und wen nicht; auch die familieninterne Rangordnung durchschauen sie schnell.*

ⓘ *Welpen sind Praktiker: Vieles lernen sie durch Erfahrung, wie schlechte oder gute Erlebnisse, Bestrafung und Lob.*

ⓘ *Das genaue Lernverhalten eines Welpen ist abhängig von seinem individuellen Charakter, seiner Intelligenz und seinen speziellen, angeborenen Neigungen.*

Stubenreinheit

Wie ein Menschenbaby braucht ein Welpe zunächst ein gewisses Bewusstsein dafür, wo er sich lösen darf und wo nicht. Bei der Erziehung zur Stubenreinheit ist viel Behutsamkeit angebracht. Überfordern Sie Ihren kleinen Tibet Terrier nicht. Bringen Sie ihn nach jeder Mahlzeit, nach jeder Spielphase und gleich nach dem Aufwachen zum Lösen ins Freie, vorzugsweise immer an den gleichen Platz. Beobachten Sie Ihr Hundekind ganz genau: Selbst, wenn er beispielsweise breitbeinig am Boden schnüffelt, ist schnelles Handeln angebracht, denn postwendend kann ein Pfützchen folgen. Verrichtet der Kleine draußen sein Geschäft, loben Sie ihn unbedingt überschwänglich.

Als anfängliches Welpenlager nachts empfiehlt sich ein hoher Pappkarton oder eine Transportbox in Ihrem Schlafzimmer, aus der Ihr Vierbeiner nicht selbstständig herauskommt. Weil er sein eigenes Lager nicht beschmutzen möchte, wird er unruhig und fängt an zu winseln, wenn er muss. Tragen Sie ihn dann schnell hinaus. Entdecken Sie ein Pfütz-

chen im Haus, entfernen Sie es stillschweigend und gründlich, damit Ihr Welpe nicht wieder von seinem eigenen Geruch angezogen, an derselben Stelle uriniert. Ertappen Sie ihn gerade beim Lösen, heben Sie ihn mit einem bestimmten „Nein" hoch und bringen Sie ihn ins Freie. Fährt er dort mit seinem Geschäft fort, loben Sie ihn wieder ausgiebig. Stupsen Sie nie die Hundenase in die Hinterlassenschaften des Welpen, denn dies hat keinerlei Lerneffekt, ist Tierquälerei und somit als

Bringen Sie einen Welpen sofort nach dem Aufwachen ins Freie, damit er sich lösen kann. Auf diese Weise wird er schnell stubenrein.

Plötzliche Unsauberkeit

Unsauberkeit im Erwachsenenalter kann viele Gesichter haben. Um eine organische Ursache abzuklären, suchen Sie zunächst einen Tierarzt auf. Kann dies zweifelsfrei ausgeschlossen werden, begeben Sie sich in Ihrem Umfeld bzw. in der Seele Ihres Hundes auf Spurensuche. Fühlt sich Ihr Hund einsam oder vernachlässigt, verkraftet er einen eventuellen Umzug nicht, ist er eifersüchtig oder wird er gar von Artgenossen aus der Umgebung gemobbt? Oftmals steckt ein psychisches Problem des möglicherweise unverstandenen Vierbeiners dahinter. Auf keinen Fall dürfen Sie Ihren Hund für seine plötzliche Unsauberkeit bestrafen. An erster Stelle muss stets die Ursachenforschung stehen. Daraufhin folgt eine Verhaltensänderung seitens des Besitzers und schließlich auch des Hundes. Unterstützend hat sich der Einsatz von Bachblüten bewährt. Um jedoch differenziert auf das jeweilige Problem des Vierbeiners eingehen zu können, empfiehlt sich anstelle einer willkürlichen Eigenmedikation ein ausführliches Gespräch mit einem veterinärmedizinisch erfahrenen Bachblütentherapeuten.

Hinter einer plötzlichen Unsauberkeit im Erwachsenenalter verbirgt sich häufig ein unverstandener Hund.

Strafe völlig ungeeignet. Es führt nur zu einem Vertrauensbruch zwischen Ihnen und Ihrem Tibet Terrier.

Lassen Sie Ihr Hundekind anfangs vorsichtshalber alle ein bis zwei Stunden nach draußen. Je aufmerksamer Sie Ihren Welpen beobachten (Geht er zur Tür? Winselt er?), und je schneller Sie dann reagieren, umso rascher wird Ihr Tibet Terrier stubenrein.

Leinenführigkeit

Mit ein paar Tricks können Sie Ihrem Welpen schnell ein ordentliches Gehen an der Leine beibringen. Bleiben Sie dabei dauerhaft konsequent, gewöhnt sich Ihr Tibet Terrier auch später kein übermäßiges Ziehen an. Machen Sie Ihr Hundekind zunächst einmal spielerisch mit seiner Leine vertraut; lassen Sie den Welpen ausgiebig daran schnuppern und zeigen Sie ihm, dass hiervon absolut keine Gefahr für ihn ausgeht. Dann leinen Sie Ihren Vierbeiner an und locken ihn mit einem Leckerli oder seinem Lieblingsspielzeug, sodass er ein paar Schritte an der Leine geht. Loben und belohnen Sie ihn ausgiebig, wenn er die Leine vergisst und Ihnen folgt. Geben Sie nicht nach, wenn er sich stur stellt, sich hinsetzt oder fallen lässt.

Setzen Sie sich unbedingt spielerisch durch, denn einige Vierbeiner testen bei dieser Übung bereits, wie weit sie mit ihrem Sturköpfchen gehen können. Versuchen Sie, Ihren Welpen in einem solchen Fall abzulenken, machen Sie sich interessant und locken Sie ihn zu sich. Eine weitere Möglichkeit besteht darin, die Leine fallen zu lassen, weiterzugehen und den Namen des Welpen zu rufen. Da der Kleine nicht alleingelassen werden möchte, wird er Ihnen automatisch folgen. Nun loben Sie ihn überschwänglich und geben Sie ihm ein Leckerchen oder sein Lieblingsspielzug. Diese Übung sollten Sie natürlich nicht an einer

Gewöhnen Sie Ihren Tibi schon frühzeitig an ein ordentliches Gehen an der Leine, so wird es auch später keine Probleme mit der Leinenführigkeit geben.

Die Leine ist schnell vergessen, wenn der Spaziergang Ihrem Tibet Terrier Spaß macht.

Straße durchführen. Die richtige Motivation spielt für den jungen Hund stets eine entscheidende Rolle. Jeder Schritt in die richtige Richtung wird ausgiebig gelobt.

Akzeptiert Ihr Tibet Terrier die Leine, geht es daran, ihn gar nicht erst zum Ziehen zu verleiten. Sobald sich die Hundeleine spannt, rufen Sie Ihren Hund zu sich und klopfen Sie sich dabei gleichzeitig aufmunternd ans Bein. Machen Sie Ihren Hund auf Sie aufmerksam, indem Sie ein Leckerli oder das Lieblingsspielzeug Ihres Vierbeiners in der Hand halten. Reden Sie immer wieder mit Ihrem Tibi und motivieren Sie ihn mit Spaß, an lockerer Leine bei Ihnen zu bleiben. Loben Sie ausgiebig, wenn Ihr kleiner Schüler zu Ihnen kommt und auch bei Ihnen bleibt. Die täglichen Spaziergänge werden für Sie beide interessanter, wenn Sie öfter neue Wege gehen.

Erfolgreiche Verzögerungstaktik
Eine weitere Möglichkeit eine gute Leinenführigkeit zu erreichen, ist, stehen zu bleiben, sobald sich die Leine spannt. Reden Sie nicht mit Ihrem Hund und ziehen Sie auch selbst

nicht an der Leine, sondern warten Sie einfach ab. Stoppt der Spaziergang, wird sich Ihr haariger Begleiter schnell umdrehen, um zu sehen, warum es eine Verzögerung gibt. In diesem Moment lockert sich die Leine. Setzen Sie Ihren Gang in die genau entgegengesetzte Richtung fort. Diese Übung verlangt viel Ruhe und Geduld. Zunächst sind etliche Wiederholungen nötig, doch bald hat Ihr Tibet Terrier verstanden, dass auf ein Ziehen an der Leine

Vorsicht mit Flexileinen

Verwenden Sie aufrollbare Flexileinen erst, wenn Ihr Hund zuverlässig leinenführig ist, ansonsten könnte ihn die vermeintlich gegebene Freiheit durch die Länge dieser Leine zu einem stetigen Ziehen verleiten. Auch sollten Sie ihm dann ein Geschirr anlegen, da es doch mal zu einem kleinen Sprint an der langen Leine kommen kann, der dann mit einem Ruck endet, welcher wiederum schädlich für die Halswirbelsäule eines halsbandtragenden Hundes ist.

Das Weitergehen lernt Ihr Hund am besten unangeleint auf einer Wiese.

Immer nur an der kurzen Leine gehen ist langweilig und nicht artgerecht. Lassen Sie Ihren Tibi daher möglichst oft rennen und sich austoben.

Übertriebene Leinenführigkeit

Manche Hundeführer lassen ihren Vierbeiner an der Leine nur streng Bei-Fuß gehen. Dies ist als Dauerzustand sicherlich übertrieben. Der Hund hat durch das ständige Bei-Fuß-Gehen keine Möglichkeit mehr, unterwegs stehen zu bleiben und zu schnüffeln. Da das Lesen und Setzen von Duftmarken für den Vierbeiner zu einem intakten Sozialverhalten und der internen Kommunikation mit Artgenossen gehört, macht ihm solch ein strenger Spaziergang schlicht und einfach keinen Spaß.

Neben dem Bei-Fuß-Gehen sollten Sie Ihrem Hund einen Bewegungsradius von etwa zwei Metern auch an der Leine zugestehen. Unterscheiden Sie beide Gangarten jedoch mit zwei eindeutig voneinander getrennten Kommandos. Gönnen Sie Ihrem wedelnden Kamerad möglichst oft leinenfreie Phasen, in denen er sich nach Herzenslust so richtig austoben darf.

ein sofortiger Stillstand und anschließender Richtungswechsel erfolgt, kein Leinenzug jedoch Spaß bringt.

Um übermäßiges Ziehen an der Leine einzudämmen, ist ein Leinenruck oder -zug Ihrerseits nicht empfehlenswert: Dies kann die empfindliche Halswirbelsäule und den Kehlkopf massiv verletzen. Außerdem zeigen Sie dem Hund genau *das* Verhalten, welches Sie ihm eigentlich abgewöhnen wollen. Ziehen Sie auch dann nicht an der Leine, wenn Ihr Vierbeiner längere Zeit schnüffelt und nicht weitergehen will. Motivieren Sie ihn lieber mit aufmunternden Worten, einer Spielaufforderung oder einem besonderen Leckerbissen, Ihnen zu folgen. Das Weitergehen können Sie sogar üben, indem Sie immer das gleiche Kommando wie beispielsweise „Weiter" sowie eine auffordernde Handbewegung verwenden. Am schnellsten lernt Ihr Hund diese Übung unangeleint auf einer Wiese. Weil sich Hunde sehr an Ihrer Körpersprache orientieren, ist es wichtig, dass Sie nach der gesprochenen Aufforderung „Weiter" auch wirklich weitergehen und nicht stehen bleiben. Folgt Ihnen Ihr Tibet Terrier, loben Sie ihn sofort wieder kräftig und geben Sie ihm ein Leckerli oder spielen Sie zur Belohnung mit ihm.

Alleinbleiben

Da man einen Hund nicht immer und überall hin mitnehmen kann, muss der Vierbeiner auch das gesittete Alleinbleiben von klein auf lernen. Lassen Sie Ihren Hund zunächst nur kurz allein und zwar erst, wenn er sich in Ihrer Umgebung ganz sicher und geborgen fühlt. Verlassen Sie das Zimmer, wenn er schläft oder mit einem Kauröllchen beschäftigt ist. Liegt Ihr Welpe bei Ihrer Rückkehr noch brav auf seinem Platz, loben Sie ihn. Vergrößern Sie langsam die Zeitspanne und gehen Sie schließlich ganz aus dem Haus. Machen Sie kein Drama aus Ihrem Weggang und verabschieden Sie sich nicht. Je mehr Aufhebens Sie um Ihren Aufbruch und Ihre Rückkehr machen, umso eher erziehen Sie Ihren Vierbeiner zu späterer Trennungsangst. Trotz aller Übung gibt es immer wieder „Härtefälle", die sich sehr schwer mit dem gesitteten Alleinbleiben tun. Solchen Hunden können Sie die Zeit des Wartens mit einem kleinen Animationsprogramm versüßen.

Langeweile muss nicht sein

Damit Ihr Hund Ihre Gardinen, Möbel oder andere Einrichtungsgegenstände verschont, geben Sie ihm Pappschachteln oder leere All-zweckrollen, um seinen Frust abzureagieren. Ebenfalls hilfreich gegen Langeweile ist ein mit Leckerli oder Rinderhack gefüllter Kong® aus dem Zoofachhandel.

Auch kleinere, stabile Kartons mit Deckel garantieren eine abwechslungsreiche Beschäftigung. Verstecken Sie darin in Zeitung gewickelte Leckerlis. Während Supernasen die Knabbereien sofort erschnuppern und eifrig „auspacken", können Sie für weniger Geübte einige „Duftlöcher" in den Deckel stechen.

Versteckt Ihr Hund gerne Leckereien, hat es sich bewährt, ihm Plätze in der Wohnung dafür einzurichten, an denen er nach Herzenslust „graben" darf. Hierfür verteilen Sie beispielsweise ausgediente Handtücher oder Decken an verschiedenen Stellen eines Raumes. Dies schützt Sie auch davor, einen feucht-klebrigen Kauknochen oder Ähnliches abends in Ihrem Bett zu finden.

Kurzweiliger wird das Warten ebenfalls mit einem Futterball aus dem Zoofachhandel, der nur ab und zu, bei bestimmten Bewegungen, über verschieden große Öffnungen Leckerlis frei gibt. Hier muss der Hund Geduld und Geschicklichkeit beweisen, wodurch er von anderem Schabernack abgelenkt wird.

Läuft während Ihrer Abwesenheit das Radio, fühlt sich Ihr Tibet Terrier nicht so einsam.

Ein kurzweiliges Animationsprogramm kann helfen, Ihren Hund während Ihrer Abwesenheit von allerhand Unfug abzuhalten.

Lassen Sie das Radio an, fühlen sich manche Hunde nicht so alleine.

Die Gesellschaft von Artgenossen macht das Warten meist erträglicher.

Darf sich Ihr Hund vor dem Alleinbleiben richtig austoben, fällt ihm das Warten leichter, da er nun müde ist.

Da geteiltes Leid bekanntlich halbes Leid ist, kann auch die Anschaffung eines Zweithundes oder die vorübergehende Vergesellschaftung mit einem brav wartenden, befreundeten „Leihhund" aus der Nachbarschaft helfen. Letzteres hat schon so manchen Quälgeist zur Vernunft gebracht, sodass er inzwischen sogar alleine und, ohne außerplanmäßige Dummheiten zu machen, auf die Heimkehr seines Menschen wartet.

Hat Ihr Vierbeiner während Ihrer Abwesenheit etwas angestellt, schimpfen Sie ihn nicht. Dafür müssten Sie ihn wirklich auf frischer Tat ertappen, ansonsten bringt er die Bestrafung nur mit Ihrer Rückkehr, nicht aber mit seinem Vergehen in Zusammenhang. Ignorieren Sie Ihren Hund lieber, bis alle Spuren beseitigt sind.

Abgewöhnen von Jugendsünden

Etwa ab dem achten Lebensmonat beginnt die Flegelphase eines Junghundes. In diese Zeit fällt auch die Geschlechtsreife des Vierbeiners. Nun testet Ihr Tibet Terrier vermehrt aus, wie weit er gehen kann und ob er Ihnen wirklich gehorchen muss oder nicht. Außerdem stellt der Jungspund allerhand Unfug an. Manche Hunde sind hierbei sehr erfinderisch. Kein Wunder, schließlich suchen sie mit ihrem aufmüpfigen Verhalten ihre genaue Rangposition innerhalb des Familienrudels. Spätestens jetzt ist ein konsequentes Grenzen setzen enorm wichtig, ansonsten wächst Ihnen Ihr Tibet Terrier schnell über den Kopf. Achten Sie unbedingt auf feste sowie klare Regeln und einen

Weitere Tipps

Das Alleinbleiben fällt Hunden leichter, die müde sind. Gehen Sie daher vorher mit Ihrem Vierbeiner spazieren oder spielen Sie mit ihm. Auch satte Hunde sind schläfrig. Es empfiehlt sich also außerdem, ihn vor Ihrem Weggang zu füttern. Lassen Sie ihn anschließend aber noch einmal nach draußen, damit er sich lösen kann. Viele Hunde tröstet schon ein vertrautes Kleidungsstück wie eine ausrangierte Socke oder eine alte Jacke von Ihnen im Körbchen.

strukturierten Tagesablauf. Nur so merkt Ihr Vierbeiner, wer in der Familie das Sagen hat; er orientiert sich daran und passt sich an.

Anspringen

Hunde begrüßen und beschwichtigen ranghöhere Artgenossen, indem sie deren Mundwinkel lecken, ein Verhalten, das im Futterbetteln von Wolfswelpen bei ihrer Mutter begründet liegt. Genauso möchten sich die Vierbeiner bei uns Menschen geben, doch „leider" ist dies den Hunden aufgrund unserer Größe nicht möglich, ohne uns dabei anzuspringen. Zwar ist dieses Verhalten durchaus gut gemeint und gilt als Geste der Unterordnung, trotzdem aber ist es zu Recht, nicht besonders beliebt. Immerhin bringt ein kräftiger Hund eine gewisse Masse mit, die einen nicht ganz standfesten Menschen im wahrsten Sinne des Wortes umhauen kann. Außerdem sind gerade bei Schmuddelwetter hündische Drecktapser auf einer hellen Hose nicht unbedingt wünschenswert. Gewöhnen Sie daher schon dem Welpen ab, Menschen anzuspringen, indem Sie auch Besucher bitten, den Hund anfangs komplett zu ignorieren. Nimmt der Welpe den Besuch somit als eher uninter-

Ein junger Tibet Terrier ist in seiner Sturm- und Drangzeit immer auf der Suche nach neuen Abenteuern.

essant wahr und trollt sich in seinen Korb, ist der Zeitpunkt gekommen, den kleinen Kerl zu rufen und ruhig zu streicheln. Wenden Sie sich Ihrem Hund allerdings erst zu, wenn er sich etwas beruhigt hat. Erfolg versprechend ist auch, eine Ersatzhandlung vom Hund zu fordern. Kommt Ihr Vierbeiner also auf Sie zugerannt und möchte an Ihnen hochspringen, geben Sie ihm sofort beispielsweise das Kommando „Sitz". Begrüßen Sie Ihren Tibet Terrier erst, wenn er diese Übung ausgeführt hat und in dieser Position bleibt. Loben Sie ihn dafür ausgiebig und heben Sie das „Sitz" mit einem Gegenkommando (z. B. „Lauf") wieder auf. Kommentieren Sie ein eventuelles Springen mit einem energischen „Ab" und loben Sie Ihren Tibi ausgiebig, wenn er unten bleibt.

Knabber- und Beißspiele

Absolut unerwünscht ist das Beknabbern und Zerbeißen von Schuhen oder Ähnlichem. Der vierbeinige Teenager zwickt auch gerne in Hände, Füße und (Hosen-)Beine. Zwar ist das Knabbern nicht generell schlecht, immerhin nimmt der Junghund damit seine Umgebung

Fordern Sie eine Ersatzhandlung vom Hund, damit er Sie nicht anspringt.

Durch Beknabbern nimmt ein Welpe erst einmal alles ganz genau unter die Lupe.

ganz genau unter die Lupe; neue Dinge lernt er also auf diese Weise erst einmal kennen. Trotzdem müssen Sie dieses Verhalten zu Hause in die richtigen Bahnen lenken. Am besten bekommt Ihr Tibet Terrier gar keine Gelegenheit, an Ihre Schuhe oder Socken zu gelangen. Hat er doch einmal etwas Unerlaubtes zwischen den Zähnen, nehmen Sie es ihm mit einem energischen „Nein" weg. Nach einer kurzen Pause lenken Sie ihn mit einem kleinen Spiel ab, und geben ihm anschließend ein erlaubtes Kauspielzeug. In dieser Phase ist es besonders wichtig, dem Vierbeiner genügend „legale" Knabberspielsachen aus Hartgummi, Hartholz oder Büffelhaut zur Verfügung zu stellen, denn häufig kaut der Welpe schon aus Langeweile. Ebenfalls unerlässlich ist natürlich eine angemessene Auslastung durch Spaziergänge und Spiele.

Vergreift sich Ihr Tibet Terrier im Spiel zu fest an Ihrer Hand, reagieren Sie erneut mit einem „Nein" und fassen ihm mit der anderen Hand über seine Schnauze. Beenden Sie das Spiel

sofort. Bald stellt der Kleine sein Zwicken ein, denn der stets folgende Spielentzug macht das Beißen unattraktiv.

Betteln

Füttern Sie Ihren Hund am Tisch, fordert Ihr Tibet Terrier mit der Zeit seinen Obolus schon durch vehementes Betteln ein. Selbst wenn Sie dieses Verhalten nicht stört, fallen Ihr Junghund und damit auch Ihre Erziehung bei Besuchern oder in einer eventuellen Pflegestelle doch sehr negativ auf. Damit es erst gar nicht so weit kommt, richten Sie Ihrem Vierbeiner von Anfang an einen eigenen, festen Futterplatz ein; nur hier wird er gefüttert. Während Ihrer Mahlzeit muss Ihr Vierbeiner auf seinem Platz liegen. Möchten Sie ihm dennoch ein kleines Stückchen Wurst oder Käse von Ihrer Brotzeit aufheben, geben Sie es dem Hund trotzdem erst in seine Futterschüssel, wenn Sie mit Essen fertig sind.

Futterklau

Viele Hunde klauen bei jeder Gelegenheit wie die Raben alles Essbare vom Tisch. Dies ist dem Vierbeiner nur schwer abzugewöhnen, denn es handelt sich dabei um ein selbstbe-

Füttern Sie Ihren Tibet Terrier von Anfang an nur an seinem eigenen Futterplatz und stecken Sie ihm nichts vom Tisch zu.

lohnendes Verhalten: Der Hund wird mit dem geklauten Futter umgehend für seine Tat belohnt. Diese Verstärkung bringt Ihren Hund also dazu, die unerlaubte Handlung immer wieder durchzuführen. Am besten lassen Sie nichts Essbares in Reichweite Ihres Tibet Terriers liegen.

Schimpfen Sie Ihren Hund nur, wenn Sie ihn auf frischer Tat ertappen, ansonsten hat er seinen Diebstahl vergessen und bringt die Strafe mit Ihrer Rückkehr in Verbindung. Einen Futterklau können Sie auch provozieren und gleich mit einem schlechten Erlebnis für den Vierbeiner kombinieren: Träufeln Sie beispielsweise etwas Zitronensaft über Ihr verlockendes Essen und lassen Sie Ihren Vierbeiner damit alleine. Möchte er nun den vermeintlichen Leckerbissen klauen, wird er sein saures Wunder erleben und Ihr Essen in Zukunft meiden.

Springen auf Möbel

Hunde springen gerne auf das Bett, die Couch oder einen Sessel, denn sie lieben erhöhte Sitz- und Liegeplätze. Neben dem gemütlichen Liegekomfort spielt hier auch die tolle Rundumsicht, mit der Ihr Hund stets alles im Blick hat, eine Rolle. Da viele Tibet Terrier als einstige Hofwächter immer noch einen erhöhten Aussichtsplatz anstreben, weisen *Sie* Ihrem Vierbeiner hierfür einen speziellen Platz zu. Im Prinzip spricht aber nichts dagegen, wenn er auf Kommando darüber hinaus etwa auf das Sofa hinauf- und besonders auch wieder hinabspringt. Tut er das nicht, oder nur unter Protest, lassen Sie ihn gar nicht mehr hinauf. Möchten Sie dies generell nicht, setzen Sie erziehungstechnisch bereits bei Ihrem Welpen an, denn anfangs ist dieser noch nicht in der Lage, selbstständig auf die Couch zu springen, trotzdem wird er es jedoch versuchen. Ein energisches „Nein" und eine ruhige Sperrung mit der Hand sind hier angebracht. Zeigt der Welpe das gewünschte Verhalten, loben Sie ihn und geben ein Leckerchen oder sein Lieblingsspielzeug. Alternativ dazu empfiehlt es sich, dem Welpen sein Körbchen direkt neben das Sofa zu stellen und ihm seinen Platz so gemütlich und attraktiv wie möglich zu machen.

Tibet Terrier lieben generell erhöhte Aussichtsplätze, auch in Ihrer Wohnung.

Übermäßiges Bellen

Dauerkläffen kann verschiedene Ursachen haben. Viele Hunde bellen, um mehr Aufmerksamkeit zu bekommen. Ihre wütende Reaktion reicht ihnen meist schon als Bestätigung und Motivation weiterzumachen. Andere Vierbeiner bellen aus Unsicherheit oder Angst: Etliche sensible Vertreter werden gerade während Ihrer Abwesenheit aus Verlassensangst laut (siehe Seite 53 „Alleinbleiben"). Manchen Kläffern wurde das Bellen auch unbewusst anerzogen: Vor allem bei Junghunden wird das Anschlagen häufig in bestimmten Situationen durch eine Belohnung gefördert. Oft steigern sich Hunde immer weiter in ihr Kläffen hinein, gerade Tibet Terrier sind zudem äußerst wachsam und von Natur aus meldefreudig. Um übermäßiges Bellen abzustellen, ist in erster Linie eine intensive, auslastende Beschäftigung wichtig. Fordern Sie Ihren Tibet Terrier mit einer alternativen Aufgabe. Loben und Belohnen Sie Ihren Hund in Bellpausen ausgiebig. Lassen Sie Ihren redseligen Vierbeiner während seiner „Arie" ins „Platz" gehen: Im Liegen fühlen sich Hunde unsicherer und möchten nicht noch zusätzlich auf sich aufmerksam machen. Auch ein großer Kauknochen kann hilfreich sein. Bellt Ihr Tibi im Garten oder auf dem Balkon, wirkt eine Wasserpistole mit größerer Reichweite Wunder: Der Hund wird überraschend getroffen und verbindet die Strafe nicht mit Ihrer Hand.

Grundkommandos

„Sitz"

Reagiert Ihr Tibet Terrier zuverlässig auf seinen Namen, beginnen Sie mit der „Sitz"-Übung. Nehmen Sie hierfür ein Leckerli in die Hand, zeigen Sie es Ihrem Hund, damit er aufmerksam wird, aber geben Sie es ihm noch nicht. Führen Sie nun den Futterbrocken langsam an der Nasenspitze des Vierbeiners vorbei nach oben und dann nach hinten, in Richtung Hundestirn. Weil Ihr haariger Schüler dem verlockenden Leckerbissen folgen möchte, muss er sich am Ende Ihrer Handbewegung zwangsläufig hinsetzen. Belohnen Sie ihn jetzt sofort mit der Leckerei, sagen Sie dabei das Kommando „Sitz". Wiederholen Sie diese Übung mehrmals täglich. Auch bei dieser Übung sind Geduld und Selbstbeherrschung gefordert, außerdem ist das richtige Timing der Belohnung sehr wichtig. Sprechen Sie so lange nicht mit Ihrem Schüler, bis er sich setzt. Erst im Moment des Hinsetzens sagen Sie mehrmals hintereinander „Sitz" und belohnen den Welpen mit Futter. Klappt die Lektion schließlich auf Kommando, verwenden Sie zusätzlich zur Sprache ein Sichtzeichen (z. B. erhobener Zeigefinger). Später genügt das visuelle Signal, damit Ihr Tibet Terrier absitzt. Das Erlernen von Sichtzeichen kann Ihnen und Ihrem Hund vor allem auf die Entfernung hin sehr nützlich sein. In der Regel lernen Hunde das „Sitz" sehr schnell.

Weil Tibet Terrier generell sehr wachsam sind, können sie sich bei Langeweile schnell zu Kläffern entwickeln. Viel Abwechslung ist für die Energiebündel daher wichtig.

Das „Sitz" lernt der Vierbeiner in der Regel schnell. Verbinden Sie den gesprochenen Befehl gleich mit einem Sichtzeichen.

Das Üben des „Platz"-Befehls bauen Sie am besten aus dem „Sitz" heraus auf.

„Platz"

Das Einüben des „Platz"-Befehls ist häufig schwieriger als das Erlernen des Kommandos „Sitz", weil das Hinlegen auf Befehl vom Hund als Unterordnung empfunden wird. Nicht jeder Vierbeiner möchte sich so einfach ergeben, daher kann es hierbei vor allem mit sehr selbstbewussten Hunden Probleme geben.

Lassen Sie Ihren Tibet Terrier zunächst vor Ihnen absitzen und anschließend an Ihrer Hand schnuppern, in der ein Leckerli versteckt ist. Gehen Sie dann mit Ihrer verlockend duftenden Hand von der Hundenase abwärts zwischen den Vorderbeinen des Hundes bis auf den Boden; dort angekommen ziehen Sie das Leckerli langsam zu sich her. Da Ihr haariger Schüler dem Futterbrocken mit der Nase folgen möchte, wird er sich aus Bequemlichkeit am

Ende von selbst hinlegen, um besser an Ihre Hand zu gelangen. Sagen Sie genau in diesem Moment „Platz", loben Sie den Hund ausgiebig und belohnen Sie ihn mit dem Leckerli. Diese Übung funktioniert auch, wenn Sie sich auf den Boden knien, ein Bein nach vorne ausstrecken und den Hund mit einem Leckerli unter Ihrem gestreckten Bein hindurch locken. Klappt das „Platz", führen Sie ein zusätzliches Sichtzeichen ein. Winkeln Sie dafür beispielsweise Ihren Unterarm im 90°-Winkel an und strecken Sie ihn langsam nach unten aus; Ihre Handfläche bleibt dabei ebenfalls ausgestreckt.

Gönnen Sie Ihrem Hund genügend Trainingspausen, in denen er das Gelernte verarbeiten kann.

„Bleib"

Das Kommando „Bleib" wird in der Hundeerziehung meist unterschätzt. In vielen Situationen kann es von großer Bedeutung sein, den Vierbeiner in einer bestimmten Position verharren zu lassen, beispielsweise vor dem Bäcker, im offenen Kofferraum, an einer Straße oder um den Hund von der Verfolgung von Wild oder einer Katze abzuhalten. Am einfachsten lernt Ihr Tibet Terrier den Befehl „Bleib" über die Grundkommandos „Sitz" und „Platz". Lassen Sie Ihren Vierbeiner zunächst vor Ihnen absitzen oder abliegen. Kombinieren Sie dabei das „Sitz" oder „Platz" ab jetzt mit dem Wort „Bleib". Verwenden Sie zusätzlich von Anfang an folgendes Sichtzeichen: Ihre Handfläche zeigt am ausgestreckten Arm zu Ihrem Hund. Dies symbolisiert Ihrem Tibi ein Stopp bzw. ein Verharren in der momentanen Position.

Erstrecken Sie das „Bleib" anfangs nur über eine sehr kurze Zeitspanne und steigern Sie diese erst allmählich. Sparen Sie wie immer nicht mit Lob. Schimpfen Sie andererseits nicht, wenn Ihr wedelnder Schüler zunächst nicht in der gewünschten Stellung bleibt. Hier helfen nur Geduld und ein wortloses erneutes In-Position-Bringen unter Verwendung der entsprechenden Befehle (z. B. „Sitz und Bleib")

Das „Bleib" bewährt sich, um einen Hund am unangebrachten Lospreschen zu hindern.

und des Sichtzeichens. Vergrößern Sie neben dem Zeitfaktor allmählich auch die Entfernung zum Hund. Erhöhen Sie den Schwierigkeitsgrad nach und nach, indem Sie die Übungsorte wechseln und außerdem Ablenkungen für Ihren Tibet Terrier schaffen, auf die er natürlich nicht reagieren darf (z. B. durch Geräusche, Gegenstände, andere Menschen, andere Hunde). Selbst wenn Sie außer Sichtweite sind, sollte Ihr vierbeiniger Gefährte schließlich in der gewünschten Position verharren. Erschweren Sie die Übung immer erst dann, wenn der vorausgegangene Schritt wirklich sitzt und heben Sie das Kommando immer erst durch ein Gegenkommando wie „Lauf" wieder auf. Beherrscht Ihr haariger Kamerad

Auch für gelungene Fotoaufnahmen ist das „Bleib" hilfreich.

„Bleib"-Training für Regentage

Den „Bleib"-Befehl können Sie an Regenta-
gen auch gut in der Wohnung üben. Entfer-
nen Sie sich zunächst nur innerhalb des Zim-
mers vom Hund. Solange Sie noch in Sicht-
weite sind, verwenden Sie unbedingt zum
gesprochenen Kommando das Sichtzeichen,
ein Signal, das Ihnen in freier Natur auf
große Entfernung hin wertvolle Dienste
leistet. Später verlassen Sie den Raum ganz,
wobei Ihr Vierbeiner seine Position solange
nicht verändern darf bis Sie es ihm erlauben.
Erfinden Sie aus dieser Übung heraus In-
door-Spiele wie beispielsweise „Verstecken"
(Mensch, Gegenstände, Futter etc.). Sparen
Sie selbstverständlich auch bei Spielen nie
mit Lob. Stecken Sie Ihren eifrigen Vierbei-
ner mit guter Laune an, nur so macht Lernen
Spaß!

das Kommando „Bleib" perfekt, können Sie es
ab jetzt in Ihren Alltag integrieren und Ihren
vierbeinigen Musterschüler beispielsweise in
Erwartung eines leckeren Mitbringsels vor
einem Supermarkt warten lassen oder als
ruhig verharrendes Fotomodell „einspannen".

„Hier"

Trainieren Sie das Herkommen zunächst in
einem abgeschlossenen Terrain, in dem sich
für den Hund möglichst wenige Ablenkungen
bieten. Stellen Sie sich in kurzer Distanz vor
den Hund hin und gehen Sie in die Hocke. Ist
Ihr Tibet Terrier voll auf Sie konzentriert, rufen
Sie ihn beim Namen. Läuft er in Ihre Richtung, geben Sie sofort das Kommando „Hier"
(aber immer nur einmal). Locken Sie Ihren
Hund zusätzlich mit einem Leckerli oder seinem Lieblingsspielzeug. Kommt der Vierbeiner auf Sie zu, loben und belohnen Sie ihn
ausgiebig. Vergrößern Sie die Distanz nach
und nach. Gehen Sie jedoch wie immer erst
zur nächsten Trainingseinheit über, wenn die
Vorherige sicher sitzt. Loben Sie den Vierbeiner wieder überschwänglich, wenn er bei
Ihnen ankommt.

Klappt das „Hier" zuverlässig in abgeschlosse-
nem Terrain, beginnen Sie mit ersten Übungen im freien Feld. Dabei erweist sich eine
leichte, 10 m lange Schleppleine als hilfreich,
außerdem ein Brustgeschirr. Lassen Sie die
Leine neben dem Hund schleifen. Reagiert er
nicht auf das Kommando „Hier", ziehen Sie
ganz sanft und kommentarlos an der Leine bis
Ihr Tibet Terrier von selbst in Ihre Richtung
läuft; dann loben Sie ihn sofort wieder. Schnell
lernt Ihr haariger Gefährte, Ihren verlängerten
Arm zu respektieren und zuverlässig auf Befehl zu kommen, auch wenn Ablenkungen in
der Nähe sind.

Die tägliche Fütterung eignet sich ebenfalls als
Lockmittel. Wartet der Hund beispielsweise
hungrig auf sein Futter, bringen Sie ihn in ein
anderes Zimmer und lassen ihn dort von einer
Hilfsperson festhalten. Gehen Sie dann zurück
zum Napf und rufen „Hier" oder benutzen Sie
die Hundepfeife. Der Vierbeiner wird losgelas-

Ein Leckerli ist immer ein gutes Lockmittel, um das
Herkommen zu trainieren.

Wichtiges Auflösungskommando

Vergessen Sie nicht, Befehle wie „Sitz", „Platz", „Bleib" oder „Hier" durch ein entsprechendes Gegenkommando wie beispielsweise „Lauf" wieder aufzuheben.
Achtung: *Besonders zu Beginn der Ausbildung ist es sehr wichtig, ein Kommando schnell wieder aufzulösen. In jedem Fall bevor der Hund von sich aus aufsteht und die Übung nach seinem Ermessen beendet!*

Machen Sie sich interessant

Macht Ihr Hund keine Anstalten, auf Befehl zu Ihnen zurückzukommen, sind Sie sicherlich zu uninteressant für ihn. Versuchen Sie die Aufmerksamkeit Ihres Vierbeiners mit einer spannenden Stimme, dem Zeigen eines Leckerlis, einer lustigen Spielaufforderung oder einem Sprint in die entgegengesetzte Richtung zu erreichen. Erst dann wird er auf Ihr Kommando reagieren.
Kommt Ihr Hund erst nach längerem Warten zu Ihnen zurück, schimpfen Sie ihn auf keinen Fall, denn dann verbindet er die Schelte gerade mit seiner Rückkehr. Er hat längst vergessen, dass er nicht auf den „Hier"-Befehl gehört hat.

sen und rennt sofort zu Ihnen beziehungsweise seinem heiß ersehnten Fressen. Mit dieser Methode verknüpft Ihr Tibi den gerufenen „Hier"-Befehl, der dem Pfiff auf der Hundepfeife entspricht, immer mit etwas Angenehmem.

Kommt Ihr Hund mehr oder weniger zufällig zu Ihnen, sagen Sie erneut sofort das Kommando „Hier" und loben und belohnen Sie ihn überschwänglich. Auch dieses Zufallsprinzip ist Erfolg versprechend.

Ein gelegentliches Verstecken kann ebenfalls für das Herkommen hilfreich sein, immerhin möchte Ihr Vierbeiner Sie als seine Bezugsperson nicht verlieren. Die Bindung zu Ihnen wird

Zögert Ihr Tibi, zu Ihnen zu kommen, müssen Sie sich interessanter machen.

dadurch vertieft. Loben und belohnen Sie Ihren Tibet Terrier auch in diesem Fall ausgiebig, wenn er zu Ihnen kommt.

Lob und Korrektur

Lob ist in der Hundeerziehung der Schlüssel zum Erfolg. Belohnen Sie jeden Schritt in die richtige Richtung eines erwünschten Verhaltens sofort, auch wenn Ihr Hund zufällig handelt. Nur so motivieren Sie Ihren Vierbeiner, aus Spaß an der Freude mit Ihnen weiterzuarbeiten. Richten Sie die Art der Belohnung individuell nach den Vorlieben Ihres Tibet Terriers: Manche Hunde freuen sich schon sehr über ein gesprochenes Lob und Streicheleinheiten, andere bevorzugen Leckerlis; einige Vertreter sind glücklich, wenn sie ihr Lieblingsspielzeug bekommen, wieder andere empfinden ein lustiges Spiel als tolle Belohnung.

Setzen Sie Korrekturen dagegen nicht in Form von körperlicher Gewalt um: Eine körperliche Züchtigung kann, abgesehen von einem raschen Vertrauensbruch, sogar als positive Verstärkung wirken, schließlich bekommt der

Lob ist das A und O in der Hundeerziehung.

ten also einfach. Bellt Ihr Hund beispielsweise übermäßig, beachten Sie es nicht; belohnen Sie andererseits aber jede Bellpause. So lernt Ihr vierbeiniger Freund, dass sich Nicht-Bellen mehr auszahlt als Kläffen. Wirkungsvoll ist außerdem, Ihren Vierbeiner mit einem energischen „Nein" und „Geh Körbchen" auf seinen Platz zu schicken und ihn dort zu ignorieren. Bestimmte Angewohnheiten können Sie Ihrem Hund auch abgewöhnen, indem Sie ihm seine Macken einfach verleiden oder seine Aufmerksamkeit auf etwas Erlaubtes umlenken (siehe Seite 54 „Abgewöhnen von Jugendsünden").

Fazit Sparen Sie in der Hundeerziehung also nicht mit Lob und Belohnung. Korrigieren Sie dagegen nur wohldosiert und gut überlegt, denn das Vertrauen eines Vierbeiners ist durch unüberlegtes Handeln schneller zerstört, als es sich später wieder aufbauen lässt.

Bitte beachten Sie Schwerwiegende Verhaltensauffälligkeiten wie Schnappen oder Beißen dürfen selbstverständlich nicht ignoriert werden. Wenden Sie sich in einem solchen Fall unbedingt an einen kompetenten Hundetrainer.

Vierbeiner damit Aufmerksamkeit bzw. Zuwendung, auch wenn diese negativer Art ist. Sie bestärkt ihn wiederum in seinem Fehlverhalten und veranlasst ihn dazu, weiterzumachen.

Deutlich wirkungsvoller als Gewalt ist der Entzug von Zuwendung, wenn es die Situation zulässt. Ignorieren Sie unerwünschtes Verhal-

Ein Nicht-Beachten ist für einen Hund eine harte Strafe.

Machen Sie bereits den Welpen mit den wichtigsten Pflegehandgriffen vertraut.

Pflege

Die wichtigsten Pflegemaßnahmen

Bestimmte Pflegemaßnahmen sind bei Hunden unerlässlich. Gewöhnen Sie daher am besten schon Ihren Welpen an die wichtigsten Handgriffe. Gehen Sie grundsätzlich bei allen Pflegemaßnahmen sanft und behutsam vor. Macht das Hundekind hier schlechte Erfahrungen oder dauert es ihm zu lang, wird es Körperpflege zukünftig als unangenehm empfinden und ihr lieber aus dem Weg gehen wollen. Pfotenabputzen und Stillhalten beim Bürsten müssen erst einmal gelernt werden. Führen Sie Ihren Welpen auch möglichst frühzeitig an die Augen-, Ohr-, Zahn- und Krallenkontrolle heran. Bleibt Ihr Hundekind bei der Pflege ruhig und gelassen, belohnen und loben Sie es ausgiebig. Wehrt sich dagegen Ihr junger Vierbeiner oder wird er albern, bringen Sie ihn mit einem bestimmten „Nein" zur Ruhe. Hält er wieder still, loben Sie ihn und belohnen ihn zudem mit einem sofortigen Übungsende.

Fellpflege

Wölfe haben ihre ganz eigene Art der Fellpflege: Sie nehmen Sand- und Schlammbäder, die gleichzeitig wie eine Massage wirken und die Talgdrüsen der Haut anregen. Die Haare werden durch Lecken gereinigt, wobei der Speichel dabei Keime abtötet. Unsere Hunde verhalten sich ganz ähnlich, allerdings entspricht diese Art der Fellpflege nicht unserem hygienischen Verständnis, sodass wir hier gerne nachhelfen.

Das doppelschichtige Haarkleid des Tibet Terriers bedarf einer intensiven Pflege, damit es nicht verfilzt. Am besten gewöhnen Sie schon den Welpen an das Bürsten und Kämmen. Seien Sie dabei aber besonders vorsichtig, denn ziept es sehr, könnten Sie dem jungen Hund die Fellpflege leicht dauerhaft verleiden. Normalerweise gewöhnt sich der Tibet Terrier schnell an das Bürsten, denn bald merkt er, dass Fellpflege auch eine sehr angenehme Massage sein kann, die hervorragend die Durchblutung der Haut anregt. Untersuchen

Die Fellpflege des Tibet Terriers ist durchaus anspruchsvoll und zeitaufwendig.

Sie Ihren wedelnden Freund dabei gleich auf einen eventuellen Parasitenbefall oder Hautverletzungen.

Die anspruchsvollste Pflegephase ist bei einem Tibi zwischen dem 6. und 18. Lebensmonat. Dann vollzieht sich der Wechsel vom Welpenfell zum erwachsenen Haarkleid. Hier ist tägliches Kämmen Pflicht. Später kann vor allem die feine, weiche Unterwolle leicht verfilzen. Das lange Deckhaar hingegen hat eine menschenähnliche, weniger filzanfällige Struktur. Optimal gepflegt, haart der kleine Vierbeiner übrigens nicht, obwohl er auch einmal im Jahr (meist im Frühjahr) seine komplette Unterwolle auswechselt. In dieser Zeit ist natürlich vermehrtes Kämmen angesagt. Unterstützen Sie den jährlichen Haarwechsel von innen mit einer über das Futter gestreuten Kräutermischung aus Löwenzahn, Birkenblättern, Brennnesseln und Ackerschachtelhalm. Spitzwegerich, Kerbel und Petersilie helfen aufgrund ihres hohen Vitamingehalts, das Im-

munsystem anzuregen. Entsprechende Fertigpräparate gibt es inzwischen im Fachhandel zu kaufen.

Das Schmutz abweisende und natürlicherweise imprägnierte Haarkleid des erwachsenen Tibis ist außerordentlich wetterfest. Sogar bei

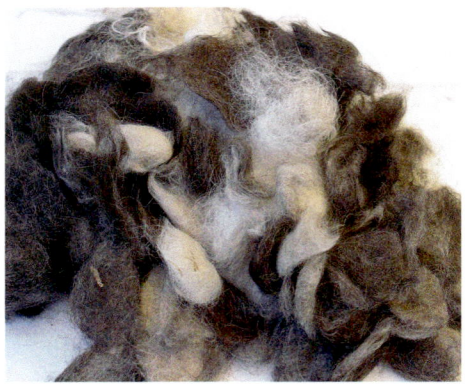

Wird ein Tibet Terrier nicht regelmäßig gekämmt, kann vor allem die feine, weiche Unterwolle leicht verfilzen.

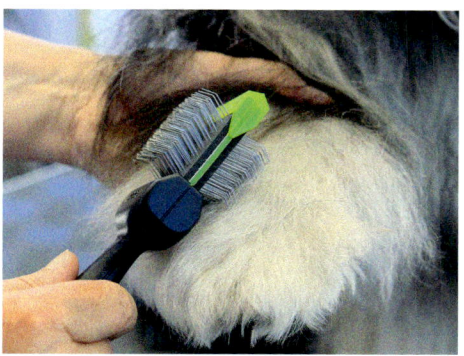

Selbst das Fell an den Pfoten bedarf einer intensiven Pflege.

größerer Verschmutzung ist das Baden des Hundes meist nicht nötig. Oft reicht kräftiges Bürsten und Kämmen aus, um Schmutz zu entfernen. Sollte doch einmal ein Bad (mit einem milden Hundeshampoo) nötig sein, lassen Sie Ihren noch feuchten Tibet Terrier an kalten Tagen wegen der Erkältungsgefahr nicht sofort ins Freie, sondern stellen Sie seinen Korb in die Nähe der wärmenden Heizung. Hilfreich sind auch im Fachhandel erhältliche Bademäntel und -tücher sowie wasserableitende Decken (Dry-Bed® u. Ä.). Gewöhnen Sie Ihren Hund zudem an ein Trockenföhnen und gleichzeitiges Bürsten. Das ist besonders wichtig, wenn Sie später Ausstellungen besuchen oder züchten möchte. Am besten lassen Sie sich die wichtigsten Pflegehandgriffe bei Ihrem Tibi erst einmal von Ihrem Züchter zeigen.

Typisch für das Haarkleid des Tibis ist auch, dass es keinen Eigengeruch hat!

Pfoten

Nützen sich die Krallen Ihres Tibet Terriers nicht auf natürliche Weise ab, müssen sie von Zeit zu Zeit geschnitten werden, damit sie nicht abbrechen. Führen Sie Ihren Welpen hier ganz langsam und in kleinen Schritten heran: Nehmen Sie zunächst immer wieder abwechselnd eine seiner Pfoten auf und halten Sie diese kurz in der Hand. Fasst der Hund Ihr Vorgehen als lustiges Spiel auf oder will er seine Pfote wegziehen, korrigieren Sie ihn mit einem energischen „Nein"; bleibt er ruhig, loben Sie ihn ausgiebig. Zum Krallenschneiden verwenden Sie eine spezielle Zange aus dem Fachhandel. Achten Sie darauf, dass Sie keine Blutgefäße verletzen. Am besten lassen Sie sich die richtige Technik erst einmal von Ihrem Tierarzt zeigen.

Beachten Sie: Wenn Sie einmal anfangen, die Krallen Ihres Tibis zu schneiden, müssen diese immer geschnitten werden.

Das Pfotenabputzen üben Sie ebenfalls durch das abwechselnde Aufnehmen der Pfoten. Möchte Ihr Junghund während des Abputzens in das Handtuch beißen, reagieren Sie erneut mit einem „Nein". Verhält er sich dagegen brav, winkt am Ende wieder eine Belohnung.

Augen, Ohren, Zähne

Besonderer Behutsamkeit bedarf das Heranführen an die Augenpflege. Streichen Sie Ihrem Welpen schon im Spiel oder während des Streichelns immer wieder kurz über die Augen. Sekret oder Verkrustungen in den Augenwinkeln entfernen Sie später mit einem weichen, feuchten, sauberen Tuch. Im Zoofachhandel bekommen Sie hierfür spezielle Pflegetücher.

Auch die lang behaarten, eher schlecht belüfteten Hängeohren des Tibet Terriers sollten Sie regelmäßig kontrollieren. Achten Sie darauf, dass sich weder Krusten oder Fremdkörper im Ohr befinden noch Haare in den Gehörgang wachsen. Eventuell vorgefundene, unangenehme Parasiten müssen schnell behandelt werden. Halten Sie das Hundeohr sauber, damit es nicht zu schmerzhaften Entzündungen durch Bakterien oder Pilze kommt. Verwenden Sie für die Säuberung des Gehörgangs jedoch keine Wattestäbchen, sondern nur spezielle Flüssigreiniger vom Tierarzt.

Im Winter bleibt schnell Schnee im langen Fell des Tibis hängen und verklumpt.

*Üben Sie schon mit Ihrem Welpen die Ohren-
kontrolle und entfernen Sie Haare, die in den
Gehörgang wachsen.*

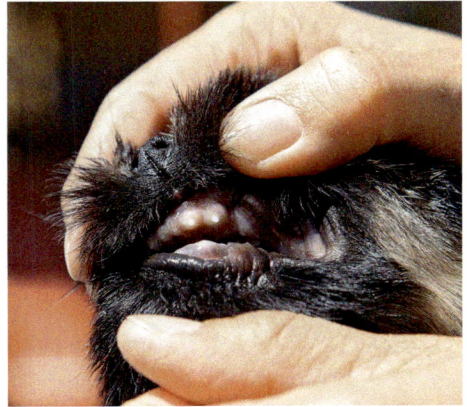

*Während des Zahnwechsels braucht ein Welpe
genügend harte Leckereien zum Kauen.*

Eine regelmäßige Zahnkontrolle führen Sie
am besten von klein auf bei Ihrem Tibet Terrier durch. Während des Zahnwechsels
braucht der junge Vierbeiner genügend Kaumaterial (siehe Kasten unten links). Harte Leckereien zwischendurch entfernen schädliche
Beläge. Zur dauerhaften Gesunderhaltung von
Zähnen und Zahnfleisch empfiehlt sich regelmäßiges Zähneputzen; hierfür gibt es im Zoofachhandel oder bei Ihrem Tierarzt Hunde-
zahnbürsten und -pasten. Aber auch zahn-
pflegende Kaustrips haben sich bewährt.
Allerdings sind diese in Hundekreisen wohl
Geschmacksache und nicht bei jedem Vierbeiner beliebt.

Zahnwechsel bei Welpen

*Der Zahnwechsel beginnt etwa im vierten bis
fünften Lebensmonat Ihres Hundes. Geben
Sie Ihrem Vierbeiner in dieser Zeit genügend
Kaumaterial wie Büffelhautknochen und
Spielzeug aus Hartgummi. Gegen eventuell
auftretende Schmerzen helfen, wie bei
Babys, das zuckerfreie Dentinox-Gel aus
Kamillenblüten oder das homöopathische
Kombi-Präparat Osanit. Fällt ein Milchzahn
nicht von selbst aus, obwohl schon der neue
Zahn sichtbar ist, lassen Sie den alten vom
Tierarzt ziehen, um Gebissfehlstellungen zu
vermeiden.*

Weitere Pflege-Tipps

*Regelmäßige Impfungen gegen Staupe,
Hepatitis, Leptospirose, Parvovirose und
Tollwut sowie Entwurmungen gehören ebenfalls zu den obligatorischen Pflegemaßnahmen bei einem Hund. Um einen Parasitenbefall zu vermeiden, ist außerdem ein saube-
rer Schlafplatz wichtig: Verwenden Sie nur
Decken, Kissen oder Polster, die maschinenwaschbar sind. Untersuchen Sie Ihren Tibi
zudem von Frühjahr bis Herbst täglich auf
Zecken, denn diese könnten Ihren Hund mit
Borreliose und Anaplasmose infizieren. Spezielle Präparate, die vor starkem Zeckenbe-
fall schützen, bekommen Sie bei Ihrem Tierarzt. Am besten lassen Sie sich bezüglich der
Auswahl eines geeigneten Mittels von ihm
beraten.*

Die wichtigsten Pflegeutensilien

- ✓ Bürste und Kamm
- ✓ Flüssiger Ohrreiniger vom Tierarzt
- ✓ Reinigungstücher für die Augen
- ✓ Hundezahnbürste und -pasta bzw. Kaustripes zur Zahnpflege
- ✓ Krallenschere
- ✓ Vaseline, Hirschtalg oder Melkfett zur Ballenpflege
- ✓ Zeckenzange

Bringen Sie Ihrem Hund bei, auf Kommando ins Körbchen zu gehen. Dann hat er nach einem Spaziergang gar keine Möglichkeit, eingeschleppten Dreck im Haus zu verteilen.

Schmuddelwetter-Tipps

Das wichtigste Utensil an Schlechtwettertagen ist sicherlich ein Handtuch. Um Ihren Tibet Terrier schon vor dem Einsteigen ins Auto gründlich abrubbeln zu können, lagern Sie dort am besten ein Tuch griffbereit. Im Fahrzeug selbst hat es sich bewährt, den Hundeplatz mit einer waschbaren Decke oder einer Gummischmutzfangmatte auszustatten:

Ein Handtuch ist in einem Hundehaushalt unverzichtbar.

Beide Teile sind leicht separat zu reinigen, ohne dass Sie gleich das ganze Auto einer Komplettreinigung unterziehen müssen. Ebenfalls möglich ist die Unterbringung des nassen Hundes in einer mit saugfähigen Tüchern ausgelegten Transportbox, denn auch diese ist einfach zu säubern und begrenzt den Schmutzeintrag auf eine kleine Fläche.

Legen Sie ein weiteres Handtuch vor die Haustür, mit dem Sie Ihren Tibet Terrier bereits vor der Wohnung gründlich abrubbeln können. So bleibt der größte Dreck auf jeden Fall draußen.

Kann Ihr haariger Kamerad jederzeit zwischen Haus und Garten frei pendeln, empfiehlt sich ein feuchtes oder gut saugendes Tuch auf dem Boden des Verbindungsbereiches. Läuft Ihr Hund nun in die Wohnung, tritt er sich schon ganz automatisch die Pfoten auf seinem „Eingangsteppich" ab.

Gerade in der Schmuddelwetterzeit ist es sehr vorteilhaft, wenn Ihr Vierbeiner auf Kommando seinen Platz aufsucht und dort so lange bleibt, bis Sie den Befehl wieder aufheben. Ist Ihr haariger Begleiter also noch nicht ganz trocken, können Sie ihn sofort nach der Rückkehr vom Spaziergang in sein Körbchen schicken, ehe er überhaupt die Gelegenheit hatte, den Dreck im ganzen Haus zu verteilen. Für einen noch feuchten Vierbeiner ist ein Hundeplatz an der wärmenden Heizung angebracht. Beachten Sie außerdem unbedingt: Zugluft ist für einen nassen Hund Gift.

Mit etwas Geduld und Geschick des Hundeführers lernen besonders eifrige Vierbeiner auch, sich bereits vor dem Haus auf Befehl zu schütteln oder auf dem Fußabstreifer die Pfoten abzuputzen. Gewöhnen Sie Ihrem Vierbeiner außerdem von vornherein ab, Sie oder andere Menschen anzuspringen. Besucher mit hellen Hosen werden nicht wirklich von einer stürmischen Begrüßung Ihres nassen Tibis begeistert sein.

Für Sie als begleitender Zweibeiner ist ein extra Schlechtwetter-Dress ratsam, das heißt: Tragen Sie lieber ältere, zweckdienliche Kleidung und nicht gerade die tollsten Neuerwerbungen. Auch eine Regenhose ist praktisch – sie schützt Ihre Hosen vor Nässe und Schmutz. Gummistiefel dürfen in keinem Hundehaushalt fehlen, so bleiben gute Halbschuhe an Schlechtwettertagen trocken.

Wellness für den Tibet Terrier

Wellness macht Spaß und zwar nicht nur uns Menschen. Mit entsprechenden Maßnahmen können Sie auch Ihrem Tibet Terrier etwas Gutes tun. Sichtlich wird er es genießen, sich einmal so richtig von Ihnen verwöhnen zu lassen.

Bachblüten und Homöopathie

Bestimmte Bachblüten und homöopathische Mittel verhelfen Ihrem Hund zu neuen Kräften.

Für ihn bedeutet noch einfach nur Schlafen Wellness.

So wirken beispielsweise die Blüten Centaury, Chicory, Clematis und Crap Apple entschlackend und reinigend. Crap Apple hat außerdem eine ausgleichende Wirkung auf den Stoffwechsel und das Immunsystem. Centaury erfrischt und vitalisiert. Olive stellt das innere Gleichgewicht bei Erschöpfung wieder her, Agrimony stärkt und schützt vor Überbelastung. Die Abwehrkräfte Ihres Tibis werden mit Echinacea-Globuli gestärkt. China und Ignatia haben sich bei Erschöpfungszuständen und Stress bewährt. Gegen Muskelkater und Überanstrengung eignen sich innerlich Arnica und Traumeel. Bei Verspannungen kann Magnesium phosphoricum helfen.

Inzwischen gibt es schon fertige Bachblütenmischungen oder homöopathische Präparate im Zoofachhandel zu kaufen. Möchten Sie jedoch tiefer in die Materie einsteigen, lassen Sie sich von einem erfahrenen Therapeuten beraten.

Bachblüten bewähren sich auch im Wellnessbereich.

Intensives Streicheln ist für Hunde schon angenehme Massage.

Mit Massage, Akupressur und TTouch® entspannen

In keinem Verwöhnprogramm darf eine wohltuende Massage fehlen. Sie erfolgt am besten in Bauch- oder Seitenlage des Hundes. Dabei können Sie in einfachen, geraden Linien streicheln oder in Wellen. Auch ein Kreisen Ihrer Handflächen wirkt entspannend. Variieren Sie zusätzlich den Druck. Massieren Sie jedoch nicht zu kräftig, Ihr Hund soll sich schließlich wohlfühlen und keine Schmerzen haben. Bearbeiten Sie besonders belastete Partien wie die Beinmuskulatur extra sanft mit den Fin-

gerkuppen. Lockernd wirkt leichtes Kneten und Rollen von Haut und Muskeln. Streichen Sie am Ende einer Massage immer den ganzen Körper des Hundes noch einmal sanft aus. Eine Massage sollte nicht länger als 15 bis 20 Minuten dauern; gewöhnen Sie Ihren Tibet Terrier erst langsam an diese Zeitspanne. Massieren Sie nie, wenn Ihr Vierbeiner eine Infektion oder gerade gefressen hat.

Die Akupressur ist eine Abwandlung der Akupunktur. Hier wird ohne Nadeln, nur mit der Berührung und dem Druck der Finger gearbeitet. Dies hat neben dem körperlichen Aspekt auch eine sehr positive, entspannende Wirkung auf die Psyche des Hundes.

Die TTouch®-Methode hingegen besteht aus unterschiedlichen Bewegungen und Handpositionen, die im Uhrzeigersinn auf der Haut des Hundes in verschiedenen Druckstärken ausgeführt werden. Vor allem bei seelischen Störungen sowie zur allgemeinen Beruhigung, zum Stressabbau und Wiederherstellung des Vertrauens hat sich der TTouch® bewährt. Auch zur Schmerzlinderung wird diese Methode erfolgreich eingesetzt. Etliche Hundeschulen bieten inzwischen TTouch®-Seminare an.

Aroma-, Farb- und Musiktherapie für neues Wohlbefinden

Die Aromatherapie fördert die seelische Ausgeglichenheit, aktiviert den Kreislauf und stärkt die Abwehrkräfte. Sie erfrischt und verhilft zu neuer Energie. Die ätherischen Öle werden dabei entweder in einer Duftlampe, einem Kräutersäckchen, einem speziellen Hundehalstuch oder direkt auf dem Liegeplatz Ihres Hundes angewendet, allerdings wohldosiert (2 bis 3 Tropfen) und nur, wenn es Ihrem Vierbeiner auch wirklich behagt. Eine Duftlampe sollte mindestens eine Stunde brennen. Da ein Hund sehr empfindliche Schleimhäute hat, dürfen Sie die Öle nie direkt auf ihn träufeln. Stärkend, aufbauend und reinigend für

Eine sanfte, sparsam dosierte Aromatherapie kann Ihrem Tibi zu neuer Energie verhelfen.

den gesamten Organismus wirken Lavendel, Orange, Zitrone, Geranium, Grapefruit und Muskatellersalbei. Mandarine und Melisse beruhigen und entspannen. Mimose baut zusätzlich seelisch auf. Zimt und Vanille wird eine ausgleichende, beruhigende und entspannende Wirkung nachgesagt. Neroli-Öl harmonisiert.

Hunde wie auch Menschen sprechen sehr gut auf farbiges Licht an. Rot hat sich bei Erschöpfungszuständen und Appetitlosigkeit bewährt. Orange kommt hingegen bei Immunschwäche zum Einsatz. Gelb hilft bei schwachen Nerven und Schockzuständen. Grün wirkt ausgleichend und Blau beruhigend. Violett wird bei Nervosität, Ängstlichkeit, Hysterie und zur Verarbeitung von Traumata eingesetzt.

Auch Musik entspannt Ihren Tibet Terrier. Un-

Wellness vom Profi

Inzwischen bieten viele Hundephysiotherapeuten auch Wohlfühlbehandlungen für Hunde an. Dabei werden häufig verschiedene Techniken miteinander kombiniert. So erhält die Massage Ihres Vierbeiners gleichzeitig eine Untermalung mit angenehmen Düften und entspannender Musik. Beruhigendes Licht darf dabei selbstverständlich ebenfalls nicht fehlen.

Neben der herkömmlichen Massage gehören häufig auch Fuß- oder Ohrreflexzonenmassagen zum Behandlungsspektrum. Einige Therapeuten verfügen sogar über eigene Hundeschwimmbäder. Manche Praxen bieten Kurse in Massage, Akupressur und TTouch® für den Eigengebrauch an. Außerdem finden Sie im Fachhandel interessante Bücher zum Thema.

Wer die Kosten nicht scheut, kann sich auch zusammen mit seinem Hund in speziellen Wellness-Hotels verwöhnen lassen.

tersuchungen haben ergeben, dass gerade langsame Barockmusik eine sehr beruhigende Wirkung auf Vierbeiner hat. Genauso gut geeignet ist Herrchens oder Frauchens Meditations-CD. Wer musikalisch jedoch auf Nummer Sicher gehen will, kann inzwischen im Fachhandel spezielle Musik für Hunde erwerben.

Untersuchungen zeigten, dass bestimmte Musikstile unsere Hunde entspannen.

Ernährung

Die Basis für ein langes, gesundes Hundeleben bildet eine ausgewogene Ernährung.

Das Wohlfühlprogramm Ihres Tibet Terriers schließt eine ausgewogene Ernährung mit ein, die selbstverständlich auch maßgeblich an der Gesunderhaltung des Vierbeiners beteiligt ist. Füttern Sie nur hochwertiges Futter, das dem Alter, Gesundheitszustand und der Auslastung Ihres vierbeinigen Freundes angepasst ist; so benötigen arbeitende Gebrauchshunde beispielsweise energiereicheres Futter als normal beanspruchte Familienhunde. Auch Welpen brauchen eine andere Ernährung als erwachsene oder gar alte Hunde, schließlich sind sie noch in der Entwicklung. Der Fachhandel hält inzwischen für alle Altersklassen und Bedürfnisse spezielles Hundefutter parat. Mit einem qualitativ hochwertigen Fertigfutter gehen Sie also in jedem Fall auf Nummer sicher: Ihr Tibet Terrier wird optimal mit allen wichtigen Nährstoffen versorgt. Trotzdem vertragen manche Hunde das handelsübliche Futter nicht. In diesem Fall müssen Sie selbst zum Kochlöffel greifen. Dies ist nicht ganz einfach, denn die richtige Zusammensetzung einer ausgewogenen Ernährung ist fast schon eine Wissenschaft für sich.

Auch das „Barfen" (= biologisch artgerechte Rohfütterung) ist möglich. Hier ist ebenfalls ein umfassendes Informieren vorab durch einen Tierarzt oder entsprechende Fachliteratur sehr wichtig.

Im Folgenden finden Sie jedoch einige Tipps für eine abwechslungsreiche und gesunde Hundemahlzeit.

Fleisch und Ballaststoffe in Form von Reis oder Hundeflocken bilden die Basis einer ausgewogenen Hundeernährung. Achten Sie zusätzlich auf eine ausreichende Vitamin- und Mineralstoffversorgung. Diese geschieht am besten in Form von natürlichen Zusätzen wie frischem, unbehandeltem Obst, Gemüse, Kräutern, Hüttenkäse oder Naturjoghurt. Bei Obst eignen sich Äpfel sehr gut. Sie sind reich an Vitaminen und Mineralien und wirken durch die enthaltenen Pektine entgiftend. Ge-

Das Futter muss auch dem Alter des Hundes angepasst sein.

75

Tipp!

Für alle Hundefutter-Hobbyköche gibt es im Buch- und Zoofachhandel eine breite Palette an Ratgebern zum Thema „Hundeernährung". Wenn Sie für Ihren Hund kochen, ist ein umfassendes Informieren unerlässlich, damit Ihr Vierbeiner durch einen ausgewogenen Speiseplan wirklich optimal mit allen wichtigen Nährstoffen versorgt wird und es nicht zu Mangelerscheinungen kommt. Spezielle Fachtierärzte für Ernährung und Diätetik, die häufig auch an Universitätstierkliniken Beratungssprechstunden anbieten, sind Ihnen gerne bei der Erstellung einer gesunden Hundemahlzeit behilflich.

Warnung vor Schokolade und Weintrauben

Schokolade enthält Theobromin, das für Hund und Katze lebensgefährlich sein kann. Ein paar Riegel dunkle Schokolade können einen kleineren Hund töten. Weintrauben und Rosinen können auch in geringen Mengen zu einer tödlichen Niereninsuffizienz führen.

müse ist nicht nur gesund, es fördert mit seinen Ballaststoffen auch die Verdauung. Außerdem beeinflusst es positiv den Säure-Base-Haushalt des Hundes. Ideal sind Möhren – sie enthalten viel Karotin, die Vorstufe von Vitamin A, außerdem Mineralstoffe und Spurenelemente. Geben Sie zusätzlich immer etwas Öl; dies hilft bei der Verwertung des fettlöslichen Vitamin A. Gekochter Brokkoli ist ebenfalls sehr gesund; er wirkt krebsvorbeugend und entgiftend. Spinat, Erbsen, grüne Bohnen und Tomaten runden einen ausgewogenen Speiseplan ab. Kräuter wie Brennnesseln, Basilikum, Petersilie, Löwenzahn und Dill sind nicht nur reich an wichtigen Vitaminen, Mineralien und Spurenelementen, sie haben auch eine heilende Wirkung bei verschiedenen Krankheiten (Beispiele siehe Seite 104 „Vorsorge"). In Zeiten extremer Anforderung oder erhöhter Krankheitsanfälligkeit ist eventuell

Spezielle Fachtierärzte für Ernährung sind Ihnen gerne bei der Erstellung einer gesunden Hundemahlzeit behilflich.

ein zusätzliches Vitaminpräparat nötig. Halten Sie sich hier allerdings genau an die vom Tierarzt oder in der Packungsbeilage angegebene Dosierung, denn selbst Vitamine können überdosiert schaden.

Schönheit kommt von innen

Der Speiseplan Ihres Hundes ist auch für ein glänzendes Fell und eine gesunde Haut verantwortlich, schließlich kommt Schönheit bekanntlich von innen. Eine große Rolle spielen dabei die Vitamine A und E sowie Zink, außerdem essentielle Fettsäuren wie Omega-3 und Omega-6. Um einem Mangel vorzubeugen, der sich in stumpfem Fell, Schuppen, Haarausfall, Juckreiz, fettiger Haut und Infektanfälligkeit äußert, geben Sie ab und zu einen Löffel Maiskeim-, Sonnenblumen-, Distel- oder Pflanzenöl über das Futter. Hochwertiges Eiweiß ist ebenfalls unverzichtbar, allerdings reagieren manche Hunde allergisch auf rohes Eiweiß. Auch Hefe und Biotin verhelfen zu einer gesunden Haut und glänzendem Fell. Ab und zu ein rohes, frisches Eigelb ist ebenfalls

Täglich frisches Trinkwasser darf nicht fehlen.

Selbst gebackene Hundeleckerli

Fischstäbchen
Sie brauchen dafür folgende Zutaten:

1 Dose Thunfisch (im eigenen Saft)
6 EL Haferflocken
2 Eier
2 EL Semmelbrösel
2 EL gehackte Petersilie

Gießen Sie den Saft des Thunfisches ab. Vermischen Sie dann alle Zutaten zu einem homogenen Teig. Formen Sie nun kleine „Stäbchen" und legen Sie diese auf ein mit Backpapier ausgelegtes Backblech. Die Fischstäbchen werden im vorgeheizten Backofen bei 175 °C (mittlere Schiene) ca. 30 Minuten gebacken. Anschließend im Ofen abkühlen lassen. Die Fischstäbchen halten, in einer Frischhaltedose im Kühlschrank aufbewahrt, ca. 2–3 Wochen. Geben Sie einem Tibet Terrier täglich nicht mehr als drei bis vier dieser Leckerlis, denn sie sind sehr gehaltvoll.

gut für Haut und Haare, denn es enthält viele Spurenelemente und Vitamine. Die zerriebene Eierschale versorgt Ihren Vierbeiner dagegen mit natürlichem Calcium.

Hat Ihr Hund ein wenig zugelegt, bauen Sie seine überschüssigen Pfunde lieber mit einem ausgewogenen, aber kalorienarmen Diätfutter als mit einer Kürzung der normalen Futtermenge ab. Auch eine Streckung des herkömmlichen Futters mit Puffreis (im Zoofachgeschäft erhältlich) kann bei einer Diät hilfreich sein.

Achten Sie stets auf saubere Hundenäpfe und täglich frisches Wasser.

EXTRA
Elf goldene Futterregeln

🐾 Regelmäßigkeit ist wichtig

Eine gewisse Regelmäßigkeit der Futterzeiten ist wichtig, um den Stoffwechsel des Hundes nicht unnötig durcheinanderzubringen. Füttern Sie daher also nicht wahllos, wenn Sie gerade Zeit haben. Zu große Pünktlichkeit ist allerdings auch nicht gut, da der Vierbeiner schnell eine innere Uhr entwickelt, durch die er dann sein Futter immer zur selben Zeit vehement einfordert. Ein ausgewachsener Hund

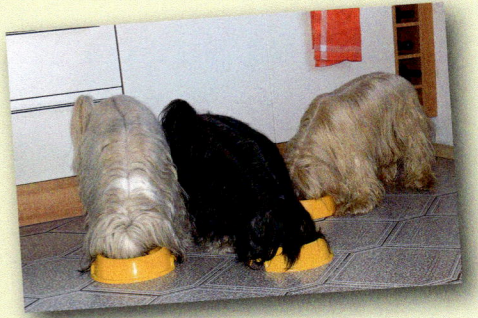

sollte ein- besser noch zweimal täglich seine Mahlzeit bekommen. Achten Sie darauf, dass Ihrem Hund nicht zu jeder Zeit Futter zur Verfügung steht. Das widerspricht seiner ursprünglichen Futtersituation. Etwa 15 Minuten nach der Fütterung sollten Sie den Rest wieder wegnehmen.

🐾 Die Menge macht's

Ein Tibet Terrier weiß nicht von selbst, wie viel Futter er braucht. Bieten Sie Ihrem Vierbeiner daher auf keinen Fall unbegrenzt Futter an. Bei Fertignahrung finden Sie grobe Richtwerte zu den Mengenangaben auf der Futterpackung. Überprüfen Sie aber immer auch an Ihrem Hund, ob diese Menge angemessen ist, denn häufig wird zu viel Futter angegeben. Kochen Sie selbst, fragen Sie Ihren Tierarzt nach der angemessenen Portionsgröße für Ihren Hund.

🐾 Vorsicht mit Kaltem

Gerade im Sommer ist es wichtig, frisches Hundefutter im Kühlschrank aufzubewahren, damit es nicht verdirbt. Verfüttern Sie es allerdings nur zimmerwarm. Zu kaltes Futter kann Verdauungsprobleme hervorrufen. Außerdem entfaltet Frisch- und Nassfutter seinen vollen Geschmack erst bei Zimmertemperatur. Muss es doch einmal schnell gehen, erwärmen Sie das Fressen kurz im Kochtopf, Wasserbad oder in der Mikrowelle.

🐾 Abwechslung in Maßen

Auch Hunde sind Feinschmecker und lieben Abwechslung. Die große Auswahl an Fertigfutter macht es Ihnen hier leicht. Trotzdem sollten Sie das Futter nicht zu häufig wechseln, denn das stresst den kurzen und daher störungsanfälligen Magen-Darm-Trakt des Hundes. Sie können das Grundfutter Ihres Hundes aber ruhig hin und wieder mit Karotten, Apfel, Quark, Hüttenkäse, Nudeln, Reis oder Kräutern bereichern. Beachten Sie bei der Fütterung auch das Alter, den Gesundheitszustand und die Auslastung Ihres Vierbeiners. Inzwischen gibt es für alle Ansprüche speziell zusammengesetzte Nahrung.

🐾 Langsame Futterumstellung

Führen Sie grundlegende Futterumstellungen nur langsam und schrittweise durch. Der Verdauungstrakt Ihres Hundes braucht etwa zwei Wochen, um sich an eine neue Nahrung zu gewöhnen.

Es muss nicht immer Fleisch sein

Wölfe nehmen mit dem Darminhalt ihrer Beutetiere immer auch wichtige pflanzliche Nahrung auf. Daher ist es falsch, anzunehmen, Hunde seien reine Fleischfresser. Für eine ausgewogene Ernährung benötigen sie einen gewissen Anteil an pflanzlicher Nahrung. In Fertigfutter wurde dies bereits bei der Zusammensetzung berücksichtigt. Kochen Sie selbst, mischen Sie das Fleisch am besten mit Nudeln, Reis, Gemüse oder speziellen Hundeflocken.

Betteln ist tabu

Fallen Sie nicht auf den treuen Blick Ihres Vierbeiners rein, Sie tun ihm damit nichts Gutes. Erstens erziehen Sie ihn so erst zum Betteln und zweitens bekommt Ihr Hund auf diese Weise auch schnell mal etwas Süßes, das sehr schädlich für ihn ist. Belohnen Sie ihn nur mit speziellen Hundeleckerlis.

Keine Reste vom Tisch

Geben Sie Ihrem Tibet Terrier nie Reste Ihrer eigenen Mahlzeit. Ihr Hund darf hier auf keinen Fall vermenschlicht werden, denn er hat ganz andere Ernährungsansprüche als Sie. Unsere stark gewürzten Speisen führen bei Vierbeinern schnell zu schweren Gesundheitsstörungen. Füttern Sie nur spezielles und ausgewogenes Hundefutter.

Finger weg von Milch

Natürlich ist Milch auch bei Hunden beliebt. Viele Tiere bekommen davon jedoch Verdauungsstörungen. Daher gilt: Keine Milch, sondern täglich frisches Wasser als Getränk anbieten.

Kein rohes Schweinefleisch

Füttern Sie kein rohes Schweinefleisch, denn dadurch kann sich Ihr Hund mit der lebensbedrohlichen Aujeszkyschen Krankheit infizieren. Die Symptome sind ähnlich wie bei der Tollwut, daher wird die Krankheit auch „Pseudowut" genannt. Schweinefleisch darf nur gut durchgekocht verfüttert werden. Rohes Rindfleisch ist dagegen unbedenklich.

Nach dem Essen sollst du ruhen

Füttern Sie Ihren Tibet Terrier immer erst nach einem Spaziergang. Rennen und Toben mit vollem Magen ist tabu: schnell kommt es zu Verdauungsstörungen bis hin zur lebensgefährlichen Magendrehung.

Ausstellungen

Bei einer Hundeausstellung wird jeder Vierbeiner hinsichtlich des vorgeschriebenen Rassestandards beurteilt.

Hundeausstellungen sind für alle Rassehundefreunde eine interessante Plattform. Bereits vor der Anschaffung eines Vierbeiners können Sie sich hier genau über eine bestimmte Rasse informieren, denn Sie erleben nicht nur etliche Vertreter live, sondern haben auch die Möglichkeit, mit Haltern und Zuchtvereinen in Kontakt zu treten und auf diese Weise Erfahrungsberichte aus erster Hand zu sammeln. Bei den Ausstellungen selbst geht es um die genaue Überprüfung und Bewertung der Hunde hinsichtlich des vorgeschriebenen Rassestandards und der durch den betreuenden Verein festgelegten Zuchtkriterien. Für einige Hundehalter ist die Teilnahme an einer Ausstellung reiner Spaß. Sie möchten solch eine Veranstaltung einfach einmal mitmachen, um nur interessehalber zu hören, wie ihr Vierbeiner vor einem professionellen Richter abschneidet. Vielleicht hat sie sogar der Züchter ihres Hundes dazu überredet, schließlich ist es für den Züchter selbst wichtig und interessant zu sehen, wo sein Nachwuchs und somit auch seine Zuchtlinie steht. Viele Aussteller sind bereits in das Zuchtgeschehen involviert. Es sind langjährige und zukünftige Züchter, aber auch Deckrüdenbesitzer, die ihre Vierbeiner über die Teilnahme an Ausstellungen bekannter machen möchten.

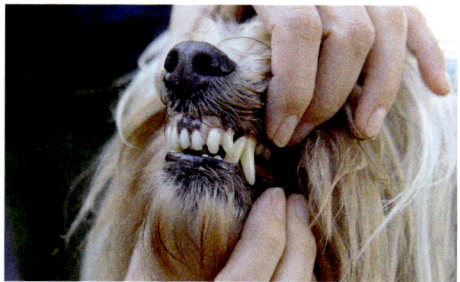

Üben Sie schon vorab, dass sich Ihr Tibi auch von einem fremden Menschen das Gebiss begutachten lässt.

Auf einer Hundeausstellung herrscht eine ganz besondere Atmosphäre. Das Sehen und Gesehenwerden steht in jedem Fall im Vordergrund. Die Einteilung der Hunde erfolgt in verschiedene Klassen, getrennt nach Geschlechtern und Alter. Bei der abschließenden Bewertung werden bestimmte Formwertnoten vergeben (siehe Kasten Seite 82).

Dabeisein ist alles

Möchten auch Sie einmal mit Ihrem Tibet Terrier im Ring stehen, sei es aus reinem Vergnügen oder weil Sie mit ihm züchten möchten, ist ein gutes Sozialverhalten Ihres Hundes natürlich Pflicht, schließlich wird er zunächst in einer Gruppe mit anderen Tibis vorgeführt. Außerdem ist eine ordentliche Leinenführigkeit schon die halbe Miete einer gelungenen Präsentation. Bei der anschließenden Einzelbewertung erfolgt die genaue Begutachtung Ihres Hundes durch den Richter: Dieser prüft neben dem Gangwerk das Stockmaß, die genauen Proportionen, Besonderheiten des Standards und die Zähne. Dieses Beurteilungsritual sollten Sie schon vorab üben, damit sich Ihr Tibet Terrier auch von fremden Menschen ins Maul sehen und natürlich überhaupt berühren lässt. Der Umgang und das korrekte Vorführen des Hundes fließen in die Bewertung mit ein; so erkennen die Richter genau, wer mit seinem Vierbeiner das optimale Präsentieren trainiert hat. Nicht selten wird ein Ausstellungsneuling darauf hingewiesen, dass seine Führfehler der Grund für eine schlechtere Bewertung des Hundes sind, im Vierbeiner jedoch mehr Potenzial steckt. Eine gute und umfassende Vorbereitung für eine Zuchtschau bekommen Sie durch ein professionelles Ringtraining, das von manchen Hundevereinen oder auch Züchtern angeboten wird. Für die Teilnahme an einer Zuchtschau sollten Sie sich aber nicht nur im Vorfeld Zeit nehmen,

Bitte beachten Sie ...

Kranke Vierbeiner sind von Zuchtschauen ausgeschlossen. Vor der Ausstellung müssen Sie die FCI-Ahnentafel und den Impfpass mit einer gültigen Tollwutimpfung Ihres Hundes vorlegen.

auch die Ausstellung selbst dauert meist einen ganzen Tag, wobei Sie die meiste Zeit sicherlich mit Warten verbringen.

Wie die Hunde selbst das Ausstellungsgeschehen aufnehmen, ist unterschiedlich. Einige Vertreter scheinen sichtlich Spaß am Präsentieren und Posieren zu haben. Bei anderen Gespannen ist der Spaß am Gesehenwerden eher auf den Zweibeiner begrenzt, der Vierbeiner hingegen würde den Tag sicherlich lieber tobend im Freien verbringen. Eine gewisse Nervenstärke muss ein Tibet Terrier für eine Ausstellung in jedem Fall mitbringen, damit ihn die Menschen- und Hundeansammlung auf engstem Raum nicht unnötig stresst.

So manch ein Hund würde den Tag sicherlich lieber tobend im Freien verbringen, als bei einer Ausstellung zu posieren.

So funktioniert's

Rassen- und Klasseneinteilung

Der Tibet Terrier wurde von der FCI (Féderation Cynologique Internationale) in die Gruppe 9: Gesellschafts- und Begleithunde, Sektion 5: Tibetanische Hunderassen, ohne Arbeitsprüfung eingeteilt.

- *Jüngstenklasse (6–9 Monate)*
- *Jugendklasse (9–18 Monate)*
- *Zwischenklasse (15–24 Monate)*
- *Offene Klasse (ab 15 Monate)*
- *Veteranenklasse (ab 8 Jahre)*
- *Gebrauchshundklasse (ab 15 Monate mit Arbeitsprüfung)*
- *Championklasse (ab 15 Monate für Champions und Gewinner bestimmter Titel)*
- *Ehrenklasse (startberechtigt nur mit dem FCI-Titel „Internationaler Schönheitschampion")*

Formwertnoten

- *Vorzüglich (V)*
- *Sehr gut (SG)*
- *Gut (G)*
- *Genügend (Ggd)*
- *Disqualifiziert (Disq)*

Die vier besten Hunde einer Klasse werden platziert, sofern sie mindestens die Formwertnote „Sehr gut" erhalten haben.

Beurteilungen in der Jüngstenklasse

- *vielversprechend (vv)*
- *versprechend (v)*
- *wenig versprechend (wv)*

Weitere Wettbewerbe

Zuchtgruppe *Sie besteht aus mindestens drei Hunden einer Rasse aus demselben Zwinger; die Hunde müssen am Tag der Ausstellung in der Einzelbewertung mindestens den Formwert „Gut" bekommen haben.*

Paarklasse *Sie besteht aus jeweils einem Rüden und einer Hündin, die Eigentum eines Ausstellers sein müssen.*

Juniorhandling *Dies ist ein Vorführwettbewerb für Jugendliche, der als Vorbereitung gedacht ist, Hunde auch später im Ausstellungsring zu präsentieren.*

Veteranen-Wettbewerb *Hier können Hunde ab dem 8. Lebensjahr starten. Es wird nach den Vorgaben des Standards besonders die Gesamtkonstitution, der Pflegezustand des Vierbeiners sowie die im Ring gezeigte Kondition beurteilt.*

Gerade beim Tibet Terrier schließt die Ausstellungsvorbereitung auch eine aufwendige Fellpflege mit ein.

Begleiter in Freizeit und Alltag

Dabeisein ist für einen Tibet Terrier alles – und das am liebsten rund um die Uhr.

Für ein soziales Tier wie einen Hund gibt es nichts Schöneres, als seine Leute so oft wie möglich zu begleiten. Ein gewisser Grundgehorsam und eine gute Sozialisation des Vierbeiners sind allerdings die Voraussetzung für gemeinsame, entspannte Freizeitaktivitäten und einen abwechslungsreichen Alltag.

Hobby Hundesport

Damit Ihr Tibet Terrier seine positiven Eigenschaften voll und ganz entfalten kann, ist eine angemessene Auslastung sehr wichtig. Eine Möglichkeit, den intelligenten Vierbeiner zu fordern ist Hundesport. Hier gibt es inzwischen ganz unterschiedliche Sportarten, die auf vielen Hundeplätzen angeboten werden. Auch im Wettkampfsport soll für alle Beteiligten stets der Spaß im Vordergrund stehen. Die intensive Beschäftigung miteinander schweißen Mensch und Hund schnell zu einem unzertrennlichen Dream-Team zusammen. Im Folgenden stellen wir Ihnen einige Sportarten vor, die gut für einen Tibet Terrier geeignet sind.

Der energiegeladene Vierbeiner eignet sich für Hundesport jeglicher Art.

Begleithundeprüfung (BH)

Voraussetzung für die Ausübung einiger Sportarten (z. B. Agility, Fährtenhund) ist eine bestandenen Begleithundeprüfung. Das Mindestalter der wedelnden Prüflinge liegt bei 15 Monaten. Der Vierbeiner muss auf dem Hundeplatz verschiedene Unterordnungsübungen absolvieren; außerdem gilt es außerhalb des Platzes einen Verkehrsteil zu bestehen, der das sichere und freundliche Verhalten des Hundes gegenüber anderen Verkehrsteilnehmern und Artgenossen überprüft. Für den Hundeführer gibt es zuvor noch eine theoretische Prüfung.

Agility

Agility ist mehr als nur ein schneller Sport. Agility festigt und vertieft die Bindung zwischen Zwei- und Vierbeinern.

Laut FCI-Reglement erfolgt eine Einteilung in drei verschiedene Starklassen je nach Größe des Hundes. Ein professioneller Parcours besteht aus 15 bis 22 Hindernissen und hat eine Länge zwischen 100 und 200 m. Bei einem Turnier sollten mindestens sieben Hürden vorhanden sein. Zum Standard gehören 14 Hürden. Die Bewertung erfolgt am Ende je nach Zeit, eventuellem Abwurf oder Verweigerung. Schnelligkeit und Präzision sind hierbei sehr wichtig. Daher ist ein optimales Zusammenspiel zwischen Mensch und Hund unerlässlich.

Turnierhundesport

Turnierhundesport (THS) bietet für jeden etwas, denn hier gibt es auch je nach Alter des Führers unterschiedliche Startklassen.

Mensch und Hund bilden als gleichgestellte Partner ein Team; in die Endnote fließen also nicht nur die Leistungen des Vierbeiners, sondern auch die des Zweibeiners mit ein. Innerhalb des Turnierhundesports gibt es verschiedene, abwechslungsreiche Wettbewerbsformen wie Hindernislauf-Turniere, Vierkampf (Gehorsam, Hürden-, Slalom und Hindernislauf), Geländelauf (2000 m/5000 m), Combination Speed Cup (CSC; Mannschaftswettkampf, in dem drei Mannschaftsmitglieder in einem in drei Sektionen eingeteilten Parcours als Staffel laufen), Shorty (Kurz-Bahn-„CSC" für Zweier-Mannschaften mit zwei Geräte-Sektionen) und Qualifikations-Speed-Cup („QSC"; Wettkampf nach dem K.-o.-System auf zwei baugleichen Parcours).

Aufgrund seiner Ausdauer hat der Tibi innerhalb des THS auch Spaß am Geländelauf.

Mobility

Mobility eignet sich gut für Menschen und Hunde jeden Alters, aber auch gehandicapte Vierbeiner, denn die zu absolvierenden Aufgaben werden individuell an die startenden Hunde angepasst. Dabei gilt es Elemente aus dem Agility, aber auch andere Spaßlektionen, wie Schaukeln, in einem Bollerwagen fahren oder einen Gegenstand apportieren, zu bewältigen. Außerdem können kleine Unterordnungsübungen und Kunststückchen abgefragt werden. Damit der Parcours als bestanden gilt, muss das sechsbeinige Team mindestens zwölf von 15 der insgesamt 18 möglichen Stationen fehlerfrei durchlaufen. Anschließend folgt für Herrchen oder Frauchen ein Theorieteil mit zehn Fragen rund um den Hund. Sind acht Antworten richtig, hat auch der Zweibeiner seinen Test bestanden. Bei Mobility stehen grundsätzlich der Spaß und das Teamwork mit dem Hund im Mittelpunkt.

Trickdogging

Immer mehr Hundeschulen bieten Kurse oder Workshops in Trickdogging an. Dabei werden Gehorsamsübungen mit Spaßlektionen verbunden. Die vierbeinigen Schüler lernen kleine Kunststückchen und Spiele, die der Hundeführer auf Spaziergängen oder bei schlechtem

Beim Trickdogging werden Spaßlektionen mit Gehorsamsübungen kombiniert.

Wussten Sie schon …?

Nicht jeder Hund ist für jede Sportart zu begeistern. Suchen Sie die Beschäftigung mit Ihrem Vierbeiner nach seiner individuellen Vorliebe, seinem Gesundheitszustand und seiner allgemeinen Fitness aus. Nehmen Sie auch Wettkampfsport nicht allzu ernst: Drill und übertriebener Ehrgeiz haben hier nichts zu suchen. Der Spaß soll bei diesem Teamwork immer an erster Stelle stehen. Betrachten Sie Trainer ebenfalls unter diesem Gesichtspunkt: Nehmen Sie Abstand von strengen, autoritären Unterrichtsmethoden. Humorvolle Motivationen sind das A und O einer optimalen Vertrauensbeziehung zwischen Ihnen und Ihrem Hund. Nur so macht Ihrem Vierbeiner die Zusammenarbeit mit Ihnen Spaß und nur so ist sie Erfolg versprechend. Hundesportplätze und -vereine in Ihrer Nähe finden Sie über das Internet. Auch Tierschutzvereine, Tierärzte, Zoogeschäfte oder andere Hundebesitzer in Ihrer Umgebung sind geeignete Ansprechpartner auf der Suche nach einer passenden Trainingsmöglichkeit. Bevor Sie sich endgültig für einen Hundeplatz entscheiden, ist ein mehrmaliges Zuschauen vorab sowie Gespräche mit Trainern und Teilnehmern empfehlenswert. Haben Sie die Möglichkeit, sehen Sie sich am besten gleich mehrere Übungsplätze näher an. Ebenfalls hilfreich für die Entscheidungsfindung ist die Teilnahme an einer Probestunde. Wichtig ist, dass die Kursleiter individuell auf jede Hundepersönlichkeit eingehen.

Wetter im Haus ganz einfach „abfragen" kann. Hier ist also Kopfarbeit gefragt. Im Mittelpunkt steht immer der Spaß und nicht die perfekte Leistung. Die Palette der Übungen ist groß: winken, verbeugen, „give me five", das schnurlose Telefon bringen oder ein Taschentuch aus der Hose ziehen sind nur einige wenige Beispiele. Da dieses Training individuell auf jeden einzelnen Vierbeiner zugeschnitten werden kann, ist es auch gut für ältere Tibet Terrier, Hunde mit Handicap oder ängstliche Hunde geeignet.

Dogdancing

Dogdancing ist eine Sportart, die den Hund körperlich, aber auch und vor allem geistig fordert. Der Hundeführer entwickelt zusammen mit seinem vierbeinigen „Tanzpartner" eine Choreographie, die auf einer perfekten Fußarbeit basieren soll. Zusätzlich führt der Hund diverse Tricks vor. Die gesamte Darbietung muss möglichst synchron zu einer begleitenden Musik ausgeführt werden. Bei der Zusammenstellung einer Dogdancing-Choreographie sind viel Kreativität und Fantasie gefragt. Für die Einstudierung sind Geduld, Humor und eine gute Motivation des Hundes nötig. Eine Vorführung, die nicht nur paarweise, sondern auch in Gruppen-Formationen geschehen kann, soll freudig und voller Harmonie sein.

Sportbegleiter Tibet Terrier

Unterwegs mit dem Fahrrad

Tibet Terrier sind sehr aktive, ausdauernde Hunde, die sichtlich Spaß daran haben, ihre Leute bei sportlichen Aktivitäten zu begleiten. So freuen sie sich über eine Fahrradtour genauso wie Herrchen und Frauchen, die sich in ihrer Freizeit körperlich fit halten wollen. Grundvoraussetzung für die ungefährliche Mitnahme eines Hundes am Rad ist natürlich

Der lauffreudige Tibet Terrier ist ein toller Begleiter bei allen möglichen Outdooraktivitäten.

ein gewisser Gehorsam: Das sichere Herkommen auf Zuruf, gute Leinenführigkeit und einwandfreies Bei-Fuß-Gehen sind ein absolutes Muss für einen ungefährlichen Radausflug mit Ihrem Tibet Terrier. Führen Sie einen ungeübten Hund langsam an das Laufen neben dem Fahrrad heran, denn auch er muss erst allmählich seine Kondition aufbauen. Bremsen Sie einen zu überschwänglichen Vierbeiner unbedingt ein, er könnte sich leicht selbst überschätzen, schließlich ist eine Radtour für den Hund deutlich anstrengender als für den Radler. Meiden Sie außerdem große Hitze. Halten Sie Ihren rennenden Kameraden vom Fahrrad aus an der Leine, wickeln Sie die Leine aus Sicherheitsgründen nie um den Lenker, sondern nehmen Sie diese so in die Hand, dass Sie im Notfall schnell loslassen können. Eine Alternative besteht im Springerbügel: Hier haben Sie die Hände frei und am Lenker, während Ihr Tibet Terrier mit einem Kurzführer an einem gefederten Halter am Rad befestigt ist; eine Sicherheitsvorrichtung sorgt dafür, dass sich die Leine samt Hund im Notfall vom Rad löst und Sie so nicht gefährdet. Sie als Radler sollten bei einer Fahrradtour immer einen geeigneten Helm tragen.

Viel Spaß am laufenden Band

Joggen, **Walken** und **Nordic Walking** sind nach wie vor die Renner unter den Outdoorsportarten. Wie immer gilt für Mensch und Hund: Geteiltes Vergnügen ist doppelte Freude. Vergessen Sie selbst bei gut folgenden Hunden nie, eine Leine für den Notfall mitzunehmen. Damit der Jogger die Hände frei hat, hält der Fachhandel inzwischen spezielle Jogging-Leinen und -Gürtel bereit; in Letzteren wird die Leine einfach eingehängt. Natürlich muss Ihr Tibet Terrier so gut erzogen sein, dass er nicht ungestüm an der Leine zieht. Planen Sie eine größere Runde mit Pause, vergessen Sie etwas Wasser für Ihren

Das Training von Ausdauersportarten muss auch beim Hund erst langsam aufgebaut werden.

Probier's mal mit Gemütlichkeit

Sind Sie kein Freund von flotten Sportarten, probieren Sie es mal mit einer ruhigeren **Wanderung**. Da jedoch auch hier von Zwei- und Vierbeinern Ausdauer gefragt ist, müssen Sie das Training hier wieder erst langsam aufbauen. Packen Sie für längere Touren neben einer eigenen Brotzeit auch Trinkwasser und, je nach Dauer, eine kleine Futterration sowie einen Napf für Ihren Tibet Terrier ein. Vergessen Sie außerdem ein Erste-Hilfe-Notfallset nicht. Längere Bergtouren bedürfen einer größeren Vorbereitung; sicheres Karten-

Vierbeiner nicht. Lassen Sie ihn allerdings nicht zu viel davon trinken, damit er durch das Rennen mit vollem Bauch keine Magendrehung bekommt.

Auf Wanderungen ist der Tibi gerne dabei.

lesen ist dabei schon eine wichtige Grundvoraussetzung. Klären Sie bei Mehrtagestouren unbedingt vorab, ob Ihr Vierbeiner auch in Hütten übernachten darf.

Rund ums Spielen

Warum Spielen so wichtig ist

Jedes junge Tier spielt gerne, denn Spielen macht Spaß, aber nicht nur das: Im Spiel lernt ein Vierbeiner fürs Leben und zwar sein Leben lang. Schon Welpen lernen spielerisch ihre Umwelt kennen, lernen aus guten und schlechten Erfahrungen. Aber auch die Rangordnung innerhalb des Hunderudels und später innerhalb der Familie wird spielerisch ausgetestet. Das Spiel mit Artgenossen legt für Welpen den Grundstein zu einem normal entwickelten, ausgeglichenen Sozialverhalten. Spielen ist aber nicht nur für junge Hunde wichtig. Im Grunde kann ein Vierbeiner bis ins hohe Alter spielerisch lernen. Erwachsene Hunde testen untereinander ebenfalls immer wieder im Spiel ihre Rangordnung aus. Sehr selbstbewusste Tiere versuchen oft innerhalb ihrer Familie durch schelmische Tricks ihre Grenzen und ihren Stand in der Familie auszuloten. Lassen Sie sich nicht einwickeln, sonst haben Sie schnell verspielt. Auch veränderte Lebensbedingungen oder unbekannte Gegenstände werden noch von erwachsenen Hunden spielerisch erforscht. Häufiges Spielen schult außerdem das Gehirn des Vierbeiners. So belegen Studien, dass Hunde, die in ihrer Welpenzeit kaum Eindrücke sammeln konnten, ihr Leben lang weniger aufnahmefähig sind als Artgenossen, die zwar von den Erbanlagen her nicht so intelligent sind, dafür aber mehr gefördert wurden. Vierbeiner, denen mehr geboten wird, können sich auch nachweislich besser konzentrieren.
Junge Hunde erfahren durch ausgelassenes Toben nach Erziehungseinheiten eine tolle

Spielen ist schon für junge Hunde wichtig, um nützliche Lernerfahrungen zu machen.

Belohnung. Sie dürfen nun ihren, durch die Anspannung des Lernens aufgestauten Energien so richtig freien Lauf lassen und entspannen sich somit wieder. Gehen Sie die Erziehung Ihres Tibet Terriers spielerisch an, wirkt dies sehr motivierend auf den Vierbeiner, denn der Spaß kommt dabei nie zu kurz. Außerdem entwickelt sich ein intensives Vertrauensverhältnis zwischen Ihnen und Ihrem Hund. Regelmäßige Spielstunden schweißen Sie und Ihren Tibi zu einem richtigen Dream-Team zusammen. Auf diese Weise bleibt Ihr wu-

Auch erwachsene Vierbeiner spielen noch gerne.

10 Spielregeln für Sie und Ihren Tibet Terrier

Spielen macht Spaß, allerdings nur, wenn sich alle Mitspieler an bestimmte Regeln halten. Im Zusammenspiel mit Ihrem Tibet Terrier bleiben Sie immer der Chef, der auch dafür sorgt, dass Ihr cleverer Vierbeiner nicht still und heimlich Ihre Autorität untergräbt.

- *Sie bestimmen Zeitpunkt und Ort.*
- *Sie sind der Spielzeug-Verwalter.*
- *Kein Tauziehen mit sehr selbstbewussten Rambos.*
- *Nach dem Füttern herrscht Spielverbot (Magendrehung).*
- *Lassen Sie Ihren Hund während des Spiels keine großen Mengen trinken (Magendrehung).*
- *Nicht in der größten Mittagshitze spielen.*
- *Auf ausreichende Ruhephasen achten.*

- *Belohnen Sie nicht nur mit Leckerli, sondern auch mit Stimme, Streicheln und Spielzeug.*
- *Sie legen das Spielende fest.*
- *Hören Sie auf, wenn's am Schönsten ist!*

scheliger Kamerad auch im Alter lange körperlich und geistig fit. Schüchterne Vertreter gelangen durch einfache Spiele, die Erfolge bringen, zu einem neuen, gestärkten Selbstbewusstsein.

Spielen ist für Hunde jeden Alters in den unterschiedlichsten Bereichen wie ein Lebenselixier, ohne das sie auf Dauer physisch und psychisch verkümmern würden.

Lustige Hundespiele

Für Sprungtalente Tibet Terrier überspringen gerne Hürden. Hierfür eignet sich gut ein Besenstiel, der auf umgedrehte Obstkisten, Pappkartons oder Ziegelsteine gelegt wird. Aus Schutz vor Verletzungen sollte die „Stange" bei einer Berührung leicht herunterfallen. Setzten Sie sich auf den Boden, lädt Ihr ausgestrecktes Bein zum Überspringen ein. Mehrere umgedrehte, mittelgroße Blumentöpfe sind ebenfalls ein tolles Hindernis. Mit Ihren Armen können Sie einen „Reif" bilden, durch den Ihr Tibi ebenfalls gerne springt. Möchten Sie einmal eine Dogdancing-Choreographie für den Hausgebrauch kreieren, bauen Sie die letztgenannten Sprungelemente mit ein.

Stellen Sie nicht dauerhaft Spielzeug zur Verfügung, denn nur so bleibt es interessant und etwas Besonderes.

Tibet Terrier springen gerne. Als Hindernis taugt unterwegs auch ein Baumstamm.

Apportierspiele Beherrscht Ihr Tibet Terrier das Kommando „Apport", hat er sichtlich Spaß daran, Ihnen im Alltag Dinge zu transportieren. Als eingespieltes Team können Sie Ihrem Vierbeiner in Zukunft eine tragende Rolle auf Spaziergängen und kleinen Einkaufstouren zukommen lassen. Beim ersten Morgenspaziergang wird Ihr haariger Helfer stolz wie Oskar die Tageszeitung vom Kiosk nach Hause tragen oder einen kleinen Henkelkorb mit frischen Brötchen. Außerdem kann er Ihnen die Pantoffeln bringen oder auf einem Spaziergang bei trübem Wetter einen kleinen Schirm tragen. Für die Gartenarbeit bringt Ihnen Ihr Vierbeiner gerne die Gummihandschuhe oder eine kleine Gießkanne. Wasserratten apportieren auch aus dem kühlen Nass. Hier gibt es inzwischen spezielles Neopren-Spielzeug in verschiedenen Größen, das sehr leicht ist und somit gerade für kleine Hunde gut geeignet ist. Wichtig ist, den Hund während des Apportierens kräftig zu loben. Um seinen Spaß an der Arbeit zu fördern und sein Selbstvertrauen zu stärken, geben Sie ihm bei all diesen Aufgaben stets das Gefühl sehr wichtig zu sein. Hat er eine Aufgabe erfolgreich beendet, dürfen natürlich ausgiebiges Loben und ein Leckerli nicht fehlen.

Immer der Nase nach Viele Tibet Terrier lieben Schnüffelspiele. Geben Sie beispielsweise ein paar Wurststückchen in ein Marmeladenglas mit Schraubdeckel. Stechen Sie einige Duftlöcher in den Deckel, verstecken Sie das Glas und lassen Sie Ihren Hund danach suchen; war er erfolgreich, bekommt er zur Belohnung die Wurst.

Wählen Sie auch unterschiedlich hoch gelegene Schnüffelverstecke: Binden Sie zum Bei-

Wichtige Auflockerung

Weil das Erlernen von Kunststückchen eine sehr hohe Konzentration vom Hund verlangt, sollten Sie immer nur in kurzen Sequenzen üben. Schließen Sie stets mit einem Erfolgserlebnis ab und lockern Sie die einzelnen Lernschritte durch Pausen auf. Auch ein zwischenzeitliches Toben im Garten macht den Kopf wieder frei für die Aufnahme neuer „Befehle".

Suchspiele sind für die vierbeinigen Supernasen toll!

91

Ob hier wohl Leckereien versteckt sind?

spiel ein Wiener Würstchen an eine Schnur und ziehen Sie damit (unbeobachtet vom Hund) eine Schleppe durch den Garten; führen Sie anschließend die Wurst an einem Baum hoch und befestigen Sie diese an einem höheren Ast. Nun schicken Sie Ihre vierbeinige Supernase auf die Suche. Das Versteck der Wurst sollte Ihr Hund mit Bellen oder Kratzen am Baum anzeigen.

Bitte beachten Sie ...

Nicht alle Hunde sind für jedes Spiel zu begeistern. Stellen Sie fest, dass Ihr Vierbeiner keinen Spaß an einem Spiel hat, wechseln Sie lieber zu einem anderen über. Diese Spiele sollen für beide Seiten eine lustige Abwechslung im Herr-Hund-Alltag sein und nicht in Drill und Frust ausarten.

„Basketball" für Zwei- und Vierbeiner Apportiert Ihr Tibet Terrier auf Befehl einen Ball, können Sie ihn beim Gaudi-Basketball mit Freunden als „Balljunge" einspannen. Markieren Sie als erstes eine Linie, die nicht übertreten werden darf. Anschließend stellen Sie in verschiedener Entfernung unterschiedlich große Papierkörbe auf. Je nach Größe und Entfernung enthalten die Körbe unterschiedliche Punktzahlen gemäß den Schwierigkeitsgraden (d. h. großer und naher Korb = niedrige Punktzahl, kleiner und weiter entfernter Korb = höhere Punktzahl). Nun geht es reihum. Ihr Tibi soll nach jeder Runde den Ball wieder bringen. Jeder Mitspieler möchte natürlich eine möglichst hohe Punktzahl erreichen. Manchmal ist es jedoch besser, einfachere Körbe anzupeilen, denn: Trifft ein Spieler nicht, erhält er in dieser Runde o Punkte. Für ein Übertreten können Sie, je nach Belieben, sogar Strafpunkte verteilen. Sieger ist derjenige, der nach einer anfangs festgelegten Rundenzahl die meisten Punkte erreicht hat. Für den schlappohrigen Ballbringer gibt es selbstverständlich eine große Extra-Wurst.

Es gibt viele Spielmöglichkeiten mit Ihrem Tibi. Veranstalten Sie doch auch mal ein lustiges Hunderennen.

Gaudikunststückchen Kann Ihr Tibi auf Kommando „Pfötchen" geben, entwickeln Sie dies weiter zu einem Winken. Lassen Sie Ihren Vierbeiner hierfür zunächst vor Ihnen absitzen. Verbinden Sie dann den Befehl „Pfötchen" mit dem Begriff „Winken". Gibt Ihr Tibet Terrier sein Pfötchen ins Leere, loben Sie ihn kräftig und belohnen Sie ihn. Bald wird das Kommando „Pfötchen" dabei überflüssig sein. Die Dauer des Winkens sowie die Höhe der Pfote können Sie mit einem hochgehaltenen Leckerli und einem entsprechenden Sichtzeichen (beispielsweise erhobener Zeigefinger) beeinflussen.

Selbst gemachtes Hundespielzeug

Leicht lässt sich ein Jute- oder Lederspielzeug selber herstellen: Nehmen Sie hierfür einen alten Jutesack, füllen sie ihn mit etwas Holzwolle und binden Sie ihn mit einem Baumwollstrick fest zu. Lederreste ergeben zusammengenäht und ausgestopft ebenfalls ein interessantes Apportel. Ein abgetrenntes Jeansbein, ein ausrangiertes T-Shirt, ein ausgedienter Strumpf oder ein altes Handtuch sind, allesamt mit einem großen Knoten ver-

Da der Spaß beim Spielen für alle Beteiligten im Vordergrund stehen soll, richten Sie sich ganz individuell nach den Vorlieben Ihres Hundes.

Erste-Hilfe-Tipp

Hat Ihr Hund doch einmal aus Versehen ein gefährliches spitzes oder scharfes Teil gefressen, füttern Sie als Erste-Hilfe-Maßnahme sofort rohes Sauerkraut; dies wickelt sich im Verdauungstrakt um den Gegenstand, sodass dieser, meist ohne weitere Schäden anzurichten, wieder ausgeschieden wird. Kontaktieren Sie zur Sicherheit aber trotzdem auch Ihren Tierarzt.

Gefährliches Hundespielzeug!

☠ *Gefährlich für Hunde ist Kinderspielzeug wie Bausteine oder Stofftiere mit Glasaugen oder Knöpfen, die schnell abgerissen und gefressen sind.*

☠ *Alle spitzen und scharfkantigen Gegenstände sind als Hundespielzeug absolut ungeeignet; dies gilt auch für Spielzeug, in dem spitze Teile wie Nägel oder Drähte eingearbeitet sind.*

☠ *Ebenfalls absolut tabu sind Schnüre, dünne Nylonstrümpfe, Plastikbecher oder Luftballons.*

☠ *Verboten sind Äste von giftigen Sträuchern sowie lackierte Dinge.*

☠ *Zu schweren Verletzungen können Materialien führen, die leicht splittern oder zerbrechen, wie bestimmte Holzarten, Glas, Keramik oder manche Kunststoffteile.*

Bei all diesen Dingen drohen dem Hund nicht nur schwere Verletzungen im Maul, sondern auch im Magen-Darm-Trakt. Im schlimmsten Fall kann Ihr Vierbeiner ersticken oder einen Darmverschluss bekommen.

sehen, lustige Schleuderspielzeuge. Leere Pizzakartons ergeben lustige Frisbee®-Scheiben für den Hausgebrauch. Anschließend darf Ihr Tibet Terrier diese Flugobjekte nach Herzenslust zerfetzen.

Der gemeinsame Alltag

Ein wohlerzogener Tibet Terrier ist im Alltag ein toller Begleiter. Ihre Freunde freuen sich sicherlich nicht nur über Ihren Besuch, sondern auch über Ihren charmanten Gute-Laune-Hund, der schnell Stimmung und Schwung in die Bude bringt. Der gemeinsame Gang in ein Restaurant sowie das brave unter dem Tisch Liegen versteht sich für einen vierbeinigen Gentleman von selbst. Mit einem vorbildlichen Hund sind Sie ein gern gesehener Gast, der fast schon negativ auffällt, wenn er einmal ohne seinen haarigen Begleiter kommt. Die

mittägliche Einkehr wird Ihrem Tibi versüßt, wenn er genüsslich an einer wohlverdienten Kaustange knabbern darf. Ein anschließender Verdauungsspaziergang tut nicht nur Ihnen, sondern auch Ihrem Vierbeiner gut. Ein gut erzogener Hund kann Sie außerdem zum Einkaufen begleiten. Gerne trägt Ihnen ein eifriger Apporteur beispielsweise eine gekaufte Zeitung nach Hause. Auf diese Weise haben nicht nur Sie, sondern auch Ihr Tibet Terrier Spaß am gemeinsamen Shoppen.

Etliche Hunde sind wahre Autofetischisten, die einfach nur gerne mitfahren. Achten Sie hier unbedingt auf die ausreichende Sicherung Ihres Vierbeiners, ansonsten kann es im Falle eines Unfalls nicht nur gefährlich, sondern auch teuer werden, denn Tiere gelten im Auto rechtlich gesehen als Ladung. Sicherungssysteme gibt es inzwischen viele, doch leider sind nicht alle wirklich empfehlenswert. Achten Sie

Von gut erzogenen Tibet Terriern lässt man sich gerne begleiten.

bei der Auswahl am besten auf vorliegende Ergebnisse von Crashtests oder DIN-Prüfungen. Auch der ADAC hat eine Liste mit Vor- und Nachteilen unterschiedlicher Sicherungseinrichtungen wie Spezialsicherheitsgurte, Trenngitter, Transportboxen & Co. herausgegeben.

Natürlich kann Sie Ihr Tibet Terrier bei vielen weiteren Aktivitäten begleiten: zum Beispiel bei einem Ausflug an einen Badesee oder zu einem Picknick. Vielleicht haben Sie auch einen hundefreundlichen Chef, der sich über einen vierbeinigen Mitarbeiter mit Aufgabenschwerpunkt „Verbesserung des Betriebsklimas" freut. Wichtig ist bei allem, dass Sie Ihren Hund ganz behutsam an die jeweils neue Situation heranführen. Sparen Sie dabei nie mit Lob. Trauen Sie ihm andererseits aber auch außerhalb Ihrer vier Wände ruhig ein ordentliches Auftreten zu. Nur Mut!

Hundesitter und -tagesstätten

Immer wieder einmal wird es vorkommen, dass Sie Ihren Tibet Terrier nicht mitnehmen können. Wenn Sie länger als fünf Stunden abwesend sind, sollten Sie Ihren Vierbeiner bei einem Hundesitter unterbringen. Idealerweise finden Sie jemanden im Freundes- oder Verwandtenkreis, der Ihren Tibi liebt und bei dem sich auch Ihr Vierbeiner wohlfühlt. Ist dieser Fall für Sie unrealistisch, fragen Sie andere Hundebesitzer, die Sie täglich beim Spaziergang treffen.

Vielleicht kennt jemand eine hundebegeisterte Person, die selbst keinen Vierbeiner halten kann, aber hoch erfreut über gelegentlichen Hundebesuch ist. Häufig sind Tiersitter auch Tierärzten, Tierschutzvereinen, Hundeschulen, Zoofachhändlern oder Ihrem Züchter bekannt. Empfehlenswert ist ebenfalls der Blick

Was gibt es Schöneres als einen Ausflug mit Hund ins Grüne.

Bei professionellen Hundetagesstätten sind mehrere Vierbeiner gleichzeitig untergebracht; das kann sensiblere Hunde auch überfordern.

Am besten gewöhnen Sie schon Ihren Welpen an eine zukünftige Pflegestelle.

in die Kleinanzeigen Ihrer Tageszeitung oder ins Internet.

Möchten Sie Ihren Tibet Terrier lieber von einem Profi betreuen lassen, wenden Sie sich an eine Hundetagesstätte; hier sind meist mehrere Vierbeiner gleichzeitig „geparkt". Für gut sozialisierte Hunde ist dieser Aufenthalt ein großer Spaß, da sie hier viel Kontakt mit Artgenossen bekommen. Sensiblere Vertreter fühlen sich eventuell bei einem privaten Betreuer wohler, denn er kümmert sich ganz individuell ausschließlich nur um ihn. Tagesstätten sind häufig Hundepensionen oder -hotels angegliedert. Der Aufenthalt hier ist in der Regel teurer als bei einer privaten Stelle. Andererseits können Sie in professionellen Be-

trieben oftmals Extras buchen wie Erziehungstraining, Tierarztbesuche oder Wellnessprogramme. Nehmen Sie sich auf alle Fälle viel Zeit für die Suche und Auswahl eines geeigneten Hundesitters. Sehen Sie sich vor Ort genau um und beobachten Sie gut, wie Mensch und Hund miteinander umgehen und aufeinander reagieren. Nur wenn ein optimales Vertrauensverhältnis gegeben ist, werden sich beide Seiten wohlfühlen. Und nur dann können Sie beruhigt auch mal ohne Ihren Tibi unterwegs sein. Wichtig ist außerdem, den Vierbeiner möglichst frühzeitig an die Unterbringung bei anderen Personen zu gewöhnen, dann fällt ihm später die vorübergehende Trennung von Ihnen nicht so schwer.

Im Urlaub mit Hund gilt:
Geteilte Freude ist doppelter Spaß!

Mit dem Tibet Terrier auf Reisen

Dabeisein ist für einen Tibet Terrier alles, daher gibt es für ihn auch nichts Schöneres als Sie im Urlaub zu begleiten. Ein sicherer Garant für eine erholsame Reise ist in erster Linie eine gute Organisation im Vorfeld. Bedenken Sie bei Ihrer Planung, dass sich ein Tibet Terrier grundsätzlich in gemäßigtem bis kühlerem Klima wohler fühlt, als an einem besonders heißen Urlaubsort. Möchten Sie ins Ausland fahren, sprechen Sie unbedingt vor Ihren Ferien mit Ihrem Tierarzt; er wird Sie beraten und aufklären und Ihnen alle erforderlichen Medikamente mitgeben. Vergessen Sie nicht, den auf dem Mikrochip des Hundes enthaltenen Code spätestens vor einer geplanten Reise bei einem Tierregister (siehe Seite 126 „Hilfreiche Adressen") eintragen zu lassen, damit Ihr Vierbeiner im Falle eines Verschwindens schneller wiedergefunden werden kann. Besorgen Sie rechtzeitig alle Grenz-papiere, fehlendes Reisezubehör und Hundefutter.

Haben Sie einen hundefreundlichen Urlaubsort gefunden, geht es an die Suche einer geeigneten Unterkunft. Wollen Sie ein All-Inclusive-Paket buchen. sind Sie mit einem tierfreundlichen Hotel gut beraten. Inzwischen

Lassen Sie den auf dem Mikrochip Ihres Hundes
enthaltenen Code für den Fall des Verschwindens
bei einem Tierregister eintragen.

gibt es sogar richtige Hundehotels, in denen sich Mensch und Hund gleichermaßen verwöhnen lassen können. Außerdem werden Hotels mit angegliederter Hundeschule immer beliebter. Gerade Singles treffen hier viele Gleichgesinnte und knüpfen schnell Kontakte. Lieben Sie es dagegen ruhiger, sind Sie gern flexibel und können gut auf Luxus verzichten, empfiehlt sich ein Ferienhaus oder -wohnung. Hier sind Sie Ihr eigener Herr und haben für sich und Ihren Tibet Terrier viel Platz. Urige Camping- und Hüttenaufenthalte sowie Trekkingtouren mit Hund stellen für abenteuerlustige Outdoorfreaks eine reizvolle Alternative zum herkömmlichen Urlaub dar. Erkundigen Sie sich aber unbedingt vorab, ob Ihr Vierbeiner auch wirklich willkommen ist. Über das Internet oder das Tourismusbüro Ihres ausgewählten Ferienortes bekommen Sie entsprechende Adressen und Informationen.

Welches Verkehrsmittel nehmen?

Eine gute Organisation schließt auch die Wahl nach einem passenden Verkehrsmittel mit ein. Je nach Land und gewähltem Verkehrsmittel gibt es für die Mitnahme eines Hundes einiges zu beachten, schließlich soll schon die Anreise für alle Beteiligten stressfrei und entspannend sein. Am beliebtesten ist sicherlich die Fahrt mit dem Auto. Ihr Tibet Terrier benötigt hier unbedingt einen eigenen Platz, an dem er vorschriftsmäßig gesichert ist. Achten Sie außerdem auf ausreichend Kühlung sowie Frischluft und Wasser. Vermeiden Sie jedoch Zugluft, denn die kann zu schweren Augenentzündungen und Erkältungen führen. Regelmäßige Gassi- und Trinkpausen sind ein Muss; halten Sie dafür immer Wasserflasche und -napf griffbereit. Füttern Sie Ihren Hund zuletzt maximal vier Stunden vor Reiseantritt, ansonsten liegt ihm sein Futter unterwegs schwer im

Halten Sie mehrere Hunde, ist es empfehlenswert, ein eigenes Ferienhaus zu mieten.

Im Auto muss Ihr Vierbeiner unbedingt ausreichend gesichert sein, ansonsten kann es unter Umständen gefährlich und teuer für Sie werden.

Magen. Führt Ihre Strecke über Bergstraßen, bieten Sie Ihrem Vierbeiner bei häufigem Gähnen oder Hecheln ein paar Leckerli oder einen Kauknochen an, damit sich der unangenehme Druck auf den Ohren löst. Planen Sie auf jeden Fall genug Zeit für die Anreise ein, eventuell sogar mit Zwischenübernachtungen. Die besten Reisezeiten sind morgens und abends, eventuell sogar nachts. Versuchen Sie, Staugebiete zu umfahren. Kommen Sie trotzdem in einen Stau, verlassen Sie bei nächster Gelegenheit lieber die Autobahn für einen Spaziergang, bis sich der Stau wieder aufgelöst hat.

Mit der Bahn unterwegs

Für die Fahrt in einem öffentlichen Verkehrsmittel ist ein guter Benimm Ihres Tibet Terriers eine selbstverständliche Grundvoraussetzung. Auch eine gewisse Nervenstärke ist von Nöten, denn nicht nur auf dem Bahnsteig, sondern auch im Zug selber muss Ihr vierbeiniger Begleiter häufig mit Menschenmengen und großer Enge fertig werden. Unternehmen Sie vor der Abreise noch einen langen Spaziergang, damit Ihr Hund nicht nach einiger Zeit im Zug unruhig wird. Längere Aufenthalte sind für kleine Pinkelpausen nützlich. Stecken

Tipp!

Wenn Sie selbst eine kurze Pause benötigen, lassen Sie Ihren Hund an heißen Tagen nie im Auto zurück. Auch geöffnete Fenster verhindern nicht die enorme Aufheizung des Autos, das für den Vierbeiner schnell zur quälenden und tödlichen Falle werden kann.

Tipp!

In Österreich und der Schweiz gelten für die Beförderung von Hunden ähnliche Bestimmungen wie in Deutschland. Nähere Informationen erhalten Sie bei der Österreichischen Bundesbahn (ÖBB) unter **www.oebb.at** *bzw. der Schweizer Bundesbahn (SBB) unter* **www.sbb.ch***.*

In der Bahn gilt für einen ausgewachsenen Tibet Terrier Leinen- und Maulkorbzwang, auch wenn der Vierbeiner ganz brav ist.

Sie für den Notfall ein Kottütchen ein. Lassen Sie Ihren Tibi nie auf dem Bahnsteig frei laufen: Leicht könnte er durch das Treiben dort in Panik geraten und entwischen. In der Bahn ist ebenfalls Leinenzwang angesagt. Hunde, die

Schifffahrten mit Hund sind nicht ideal. Planen Sie jedoch eine solche Reise, bringen Sie Ihren Tibi in dieser Zeit lieber bei einem netten Hundesitter unter.

auch noch in einer Transporttasche oder -box Platz haben, fahren kostenlos. Größere Vierbeiner hingegen müssen einen Maulkorb tragen (außer Blindenhunde) und benötigen eine Kinderfahrkarte. Weitere Infos finden Sie im Internet unter www.bahn.de.

Unterwegs in Bus und Taxi

In vielen Städten gibt es spezielle Tiertaxis. Aber auch in normalen Taxis dürfen Hunde mitfahren. Erwähnen Sie aber bereits bei der Bestellung, dass Sie ein Vierbeiner begleitet. Busfahren ist in manchen Städten für Hunde kostenlos, in anderen gilt der halbe Fahrpreis. Fragen Sie entweder gleich vor Ort den Fahrer oder erkundigen Sie sich vorab beim örtlichen Fremdenverkehrsbüro.

„Eine Seefahrt, die ist lustig …"

Fährüberfahrten mit einer Dauer von ein bis drei Stunden stellen für Hundebesitzer meist kein Problem dar, weil der Vierbeiner in der Regel mit an Deck darf. Allerdings kann dies auch von Land zu Land verschieden sein, erkundigen Sie sich also lieber vorab bei Ihrem Reiseveranstalter. Bei längeren Strecken sind Hunde oft wegen fehlender Unterbringungsmöglichkeiten nicht zugelassen. Manche Fähren bieten inzwischen spezielle Hundekabinen an. Grundsätzlich gilt auf Schiffen Leinenzwang, manchmal sogar Maulkorbpflicht. Vergessen Sie nicht Ihre Hundegrundausstattung wie Napf, Wasser, eventuell etwas Futter, eine Decke sowie den Impfpass und je nach Einreiseformalität ein Gesundheitszeugnis. Kreuzfahrten sind für Hunde nur bedingt möglich.

Weitere interessante Hinweise zum Thema „Urlaub mit Hund" finden Sie unter **www.urlaub-mit-hund.de** *und* **www.ferien-mit-hund.de**.

Das gehört ins Hundegepäck

- ✓ Leine und Halsband bzw. Geschirr
- ✓ Adressen-Schild fürs Halsband mit Urlaubsadresse und dem Reisezeitraum sowie der Heimatadresse
- ✓ Eventuell Maulkorb
- ✓ Eventuell Transportbox
- ✓ Körbchen, Decke und Handtücher
- ✓ Spielzeug
- ✓ Frisches Trinkwasser und Näpfe
- ✓ Futter, Leckerli und Kauknochen
- ✓ Dosenöffner
- ✓ Bürste und/oder Kamm
- ✓ Kottütchen
- ✓ Evtl. Sonnenschutz
- ✓ Reiseapotheke
- ✓ EU-Heimtierausweis/Grenzpapiere
- ✓ Versicherungsnummer und Nummer der Telefonhotline bzw. Anschrift der Haftpflichtversicherung

Flugreisen mit Hund

Nur kleine Hunde bis zu einem Gewicht von 5 kg dürfen bei den meisten Fluggesellschaften im Passagierraum mitfliegen. Informieren Sie sich aber unbedingt vor der Flugbuchung über die Mitnahmebedingungen. Auch Blinden- und Behindertenbegleithunde können unabhängig von ihrer Größe bei ihrem Führer bleiben. Vierbeiner in der Größe eines Tibet Terriers müssen in einer Transportbox im Gepäckraum untergebracht werden. Sprechen Sie vor einem Flug mit Ihrem Tierarzt und lassen Sie sich auf jeden Fall ein Beruhigungsmittel für Ihren Vierbeiner mitgeben, denn eine Flugreise bedeutet großen Stress für den Hund. Weitere Informationen zum Thema bekommen Sie unter www.flughund.de.

Flugreisen bedeuten für Hunde großen Stress, denn über einem Körpergewicht von 5 kg dürfen Sie nur in einer Transportbox im Gepäckraum mitfliegen.

Der EU-Heimtierausweis darf auf Reisen nicht fehlen.

Internet-Tipp

*Unter **www.partner-hund.de** finden Sie die Einreisebestimmungen für Reisen mit Hund ins Ausland; auch etliche Gesetze, die im Reiseland gelten, sind aufgeführt sowie diverse Inlandsbestimmungen, hundefreundliche Ferienquartiere, Reiseangebote, Checklisten, Zubehör und Bezugsquellen.*

**Die Reiseapotheke
für Ihren Hund sollte
enthalten**

+ Eventuell benötigte Dauermedikamente
+ Mittel gegen Durchfall
+ Wundspray/Desinfektionsmittel
+ Augen- und Ohrentropfen
+ Floh- und Zeckenmittel
+ Zeckenzange
+ Schere
+ Fieberthermometer
+ Gaze, Verbandsmaterial
+ Pfotenschutzschuh
+ Rescue-Tropfen von Bach

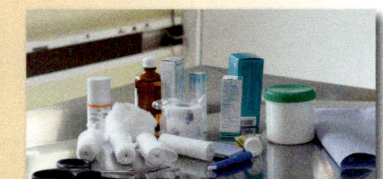

Der Tibet Terrier in der Pflegestelle

Haben Sie ein besonders weit entferntes oder
heißes Urlaubsziel im Auge, ist es besser auf
die Mitnahme Ihres Tibet Terriers zu verzichten und ihn während Ihrer Abwesenheit zu
Hause optimal unterzubringen. Auch diese
Ferienvariante muss gut vorbereitet werden.
So gilt es zunächst einen zuverlässigen, lieben
Hundesitter oder eine kompetente Tierpension
zu finden. Im Idealfall kann Ihr Tibet Terrier
bei Verwandten oder Freunden einquartiert
werden. Häufig nimmt der Züchter seinen
ehemaligen Nachwuchs gern in Pflege. Vielleicht kennt er aber auch jemanden, bei dem
Ihr haariger Kamerad während Ihres Urlaubs
gut aufgehoben ist.
Professionelle Hundepensionen finden Sie
über das Internet, das Branchenverzeichnis,
Ihren Tierarzt, Tierschutzvereine, Zoofachge-
schäfte, Hundevereine, den Kleinanzeigenteil
Ihrer Tageszeitung oder Tierzeitschriften.
Auch andere Hundebesitzer, die Ihren Vierbeiner ebenfalls schon in einer Pflegestelle
untergebracht haben, können Ihnen entspre-

Häufig nimmt auch der Züchter seinen ehemaligen Nachwuchs gerne wieder in Pflege.

Für die Pflegefamilie muss zusätzlich ins Hundegepäck

✓ Eventuell nötige Medikamente
✓ Ihre Urlaubsadresse bzw. Handynummer für Notfälle
✓ Telefonnummer Ihres Tierarztes
✓ Liste mit Vorlieben, Abneigungen und Eigenheiten Ihres Hundes

chende Tipps geben. Sogar Tierheime nehmen vorübergehende Pfleglinge auf. Die Bezahlung ist hier für einen guten Zweck, denn das Geld kommt gleichzeitig dem Tierschutz zugute. Nehmen Sie sich unbedingt Zeit für die Auswahl eines geeigneten Pflegeplatzes. Sehen Sie sich vor Ort genau um, sprechen Sie ausführlich mit der zuständigen Person und vereinbaren Sie im Vorfeld am besten mehrere Treffen, damit Ihr Tibet Terrier und der vor-

übergehende Betreuer sich schon etwas kennenlernen. Beobachten Sie das Verhalten Ihres Vierbeiners: Fühlt er sich wohl in der neuen Umgebung? Hat er Vertrauen zu seinem möglichen Pfleger? Nehmen Sie Abstand von Hundepensionen, die nur auf Ihr Geld, nicht aber auf das Wohl Ihres Hundes aus sind. Zahlen Sie andererseits lieber mehr, wenn Ihnen der Pflegeplatz optimal erscheint. Haben Sie einen vertrauenswürdigen Hundesitter gefunden, schließen Sie mit ihm einen Vertrag ab. Sprechen Sie eventuelle Vorlieben, Abneigungen und Eigenheiten Ihres Tibis an. Informieren Sie ihn außerdem über die gewohnten Fütterungs- und Gassigehzeiten. Gehorcht Ihr Vierbeiner nicht absolut zuverlässig, bitten Sie den Pfleger, Ihren Hund beim Spaziergang nicht abzuleinen. Alle wichtigen Informationen halten Sie für den Sitter am besten schriftlich fest. Geben Sie Ihren Tibet Terrier nicht erst am letzten Tag vor Ihrer Reise in der Betreuungsstelle ab, damit eventuelle Schwierigkeiten noch vor Ihrer Abfahrt geklärt werden können.

Beobachten Sie genau, ob zwischen Ihrem Tibi und seinem potenziellen Pfleger ein optimales Vertrauensverhältnis besteht.

Vorsorge

Tibet Terrier sind in der Regel sehr robust, gesund und langlebig.

Neben einer optimalen Pflege, Ernährung und Auslastung gibt es weitere vorsorgende Maßnahmen, die zu einem langen, gesunden Hundeleben beitragen. Hierzu gehören natürlich regelmäßige Entwurmungen und Impfungen (siehe Kasten Seite 107). Außerdem ist ein hygienisches Umfeld wichtig: Achten Sie stets auf einen sauberen Futterplatz und gereinigte Näpfe. Waschen Sie auch das Hundebett öfter in der Maschine, damit Parasiten wie Milben oder Flöhe keine Überlebenschance haben.

Suchen Sie Ihren Tibet Terrier zudem von Frühjahr bis Herbst täglich nach Zecken ab, denn diese könnten Ihren Hund beispielsweise mit Borreliose infizieren. Vor starkem Befall schützen spezielle Präparate vom Tierarzt. Eine bewährte Prophylaxe gegen Krankheitsanfälligkeit ist viel Bewegung an der frischen Luft bei jedem Wetter, denn auf diese Weise härten Sie Ihren Vierbeiner ab. Manchen gesundheitlichen Schwachstellen Ihres Hundes können Sie gut mit Alternativmedizin begegnen und dadurch Erkrankungen vorbeugen. Hier leistet beispielsweise die Homöopathie hervorragende Dienste. So unterstützt Echinacea wirkungsvoll ein geschwächtes Immunsystem. Das Anfangsmittel bei einer beginnenden Erkältung ist Aconitum. Gelsemium oder Euphorbium können bei bereits bestehendem Schnupfen und Belladonna bei Husten helfen. Zur Verbesserung des Allgemeinbefindens wird China oder Mucosa verabreicht. Weitere wirksame Rezepte hält die Kräutermedizin parat. So tun Salbei-Tee und -Honig Ihrem Hund bei Husten gut. Auch Löwenzahn- und Spitzwegerich-Honig sind empfehlenswert. Geben Sie in der Akutphase mehrmals täglich einen Teelöffel. Anfällige, alte oder geschwächte Tiere bekommen durch Zufütterung von Vitamin-C-reichem Hagebutten- oder Holunderbeerenmus neuen Schwung. Zur allgemeinen Stärkung ist Rosmarin sehr gut geeignet. Brennnessel und Lö-

Entwurmung

Führen Sie viermal im Jahr eine Wurmkur bei Ihrem Tibet Terrier durch, um ihn vor Darmparasiten wie Band-, Rund-, Haken- und Peitschenwürmern zu schützen, mit denen er sich überall in freier Natur durch tote Wildtiere oder deren Kot infizieren kann. Achten Sie dabei auf wechselnde Präparate, da die Parasiten Resistenzen bilden können.

Möchten Sie Ihren Hund nicht routinemäßig entwurmen, sollten Sie wenigstens alle drei Monate eine Kotprobe von Ihrem Tierarzt auf Würmer untersuchen lassen, damit Sie im Falle einer Infektion schnell handeln können, schließlich ist eine Übertragung auf Menschen ebenfalls möglich.

Bei Welpen hat sich der Einsatz von Alternativmedizin sehr bewährt.

Vorbeugen ist besser als Heilen, so stärkt viel Bewegung an der frischen Luft bei jedem Wetter das Immunsystem nachhaltig.

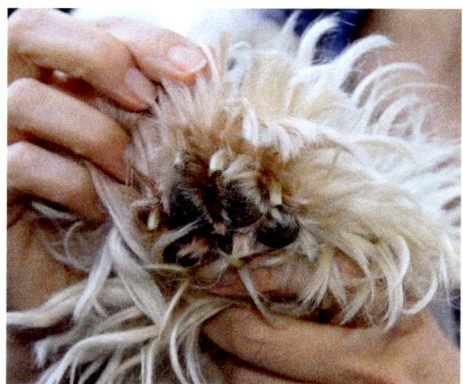

Gerade im Winter schützen Kräutersalben und -öle die Ballen vor dem Austrocknen durch Streusalz.

Die Hausapotheke für Ihren Hund

+ Eventuell nötige Dauermedikamente
+ Eventuell Mittel gegen Reisekrankheit/ Beruhigungsmittel (vom Tierarzt)
+ Mittel gegen Durchfall
+ Wundspray/Desinfektionsmittel
+ Augen- und Ohrentropfen
+ Floh- und Zeckenmittel
+ Zeckenzange
+ Wurmkur
+ Schere
+ Fieberthermometer
+ Gaze, Verbandsmaterial
+ Pfotenschutzschuh
+ Vaseline gegen rissige Ballen
+ Eventuell Maulkorb
+ Rescue-Tropfen von Bach

wenzahn kurbeln den Stoffwechsel an und sorgen auf diese Weise für eine bessere Fitness.

Reiben Sie rissige Ballen mit Kamillen- oder Ringelblumensalbe ein, damit sie sich nicht entzünden. Ebenso bewährt haben sich Johanniskraut- und Lavendelöl.

Auch ein hundesicheres Zuhause gehört zu einer umfassenden Gesundheitsvorsorge. So ist der beste Schutz vor Unfällen die Vermeidung gefährlicher Situationen.

Behandeln Sie eine durch Schneefressen verursachte Magenreizung mit Kamillen-Tee; er wirkt entzündungshemmend und beruhigt die Schleimhaut. Legen Sie bei Bauchschmerzen warme, entspannende Kamillen-Umschläge auf den Hundebauch.

Natürlich gehört auch ein hundesicheres Zuhause zu einer umfassenden Gesundheitsvorsorge. So ist der beste Schutz vor Unfällen die Vermeidung gefährlicher Situationen. Was Sie dabei in Ihrer Wohnung und Ihrem Garten alles beachten müssen, lesen Sie ab Seite 36 „Welpensicheres Zuhause". Wenn Ihr Tibet Terrier nicht zuverlässig folgt, leinen Sie ihn in unsicherem Gelände nie ab: Zu schnell kommt es zu einer Katastrophe. Ein wirkungsvoller Schutz vor Vergiftungen ist, Ihrem Hund schon früh beizubringen, nur auf Befehl hin zu fressen. So nimmt er auch unterwegs nichts Unerlaubtes und eventuell Gefährliches auf.

Physiologische Daten eines Tibet Terriers

Körpertemperatur 38 bis 39 °C (bei Welpen bis zu 39,3 °C)

Atemfrequenz 20 bis 30 Züge pro Minute

Pulsfrequenz 70 bis 100 pro Minute

Schleimhaut: rosa, feucht, glatt und glänzend, ohne Auflagerungen

Bei Stress und/oder körperlicher Belastung steigen diese Werte an.

Impfungen

Um Ihren Vierbeiner vor einigen sehr gefährlichen Infektionskrankheiten zu schützen, sind Impfungen wichtig. Zwar kann ein geimpfter Hund noch an den diversen Erregern erkranken, der Krankheitsverlauf selbst ist dann aber nur leicht, denn das Immunsystem hatte durch die Impfung vorab schon die Möglichkeit, sich durch die Bildung von entsprechenden Antikörpern auf die Erregerbekämpfung vorzubereiten.

Folgendes Impfschema ist angeraten:

6. Woche (in gefährdeten Beständen): *Parvovirose*

8. Woche: *Hepatitis c.c. (HCC), Leptospirose, Parvovirose, Staupe*

12. Woche: *Hepatitis c.c. (HCC), Leptospirose, Parvovirose, Staupe, Tollwut*

16. Woche: *Hepatitis c.c. (HCC), Parvovirose, Staupe, Tollwut*

15. Monat: *Hepatitis c.c. (HCC), Leptospirose, Parvovirose, Staupe, Tollwut*

Alle ein bis drei Jahre erfolgt eine **Auffrischungsimpfung***: Parvovirose, Staupe, Hepatitis c.c. (HCC), Leptospirose, Tollwut.*

Eine Impfung gegen **Zwingerhusten** *empfiehlt der Tierarzt individuell, je nach Umfeld des Tieres und akuter Seuchenlage.*

Inzwischen weiß man, dass einige wichtige Impfstoffe Hunde deutlich länger schützen als nur ein Jahr. Durch manche wird sogar bereits nach der Grundimmunisierung des Welpen eine lebenslange Immunität erreicht. In etlichen Ländern ist

es jedoch erforderlich, Auffrischungsimpfungen, die alle ein bis drei Jahre durchgeführt werden, nachweisen zu können.

Bekannte Krankheitsbilder

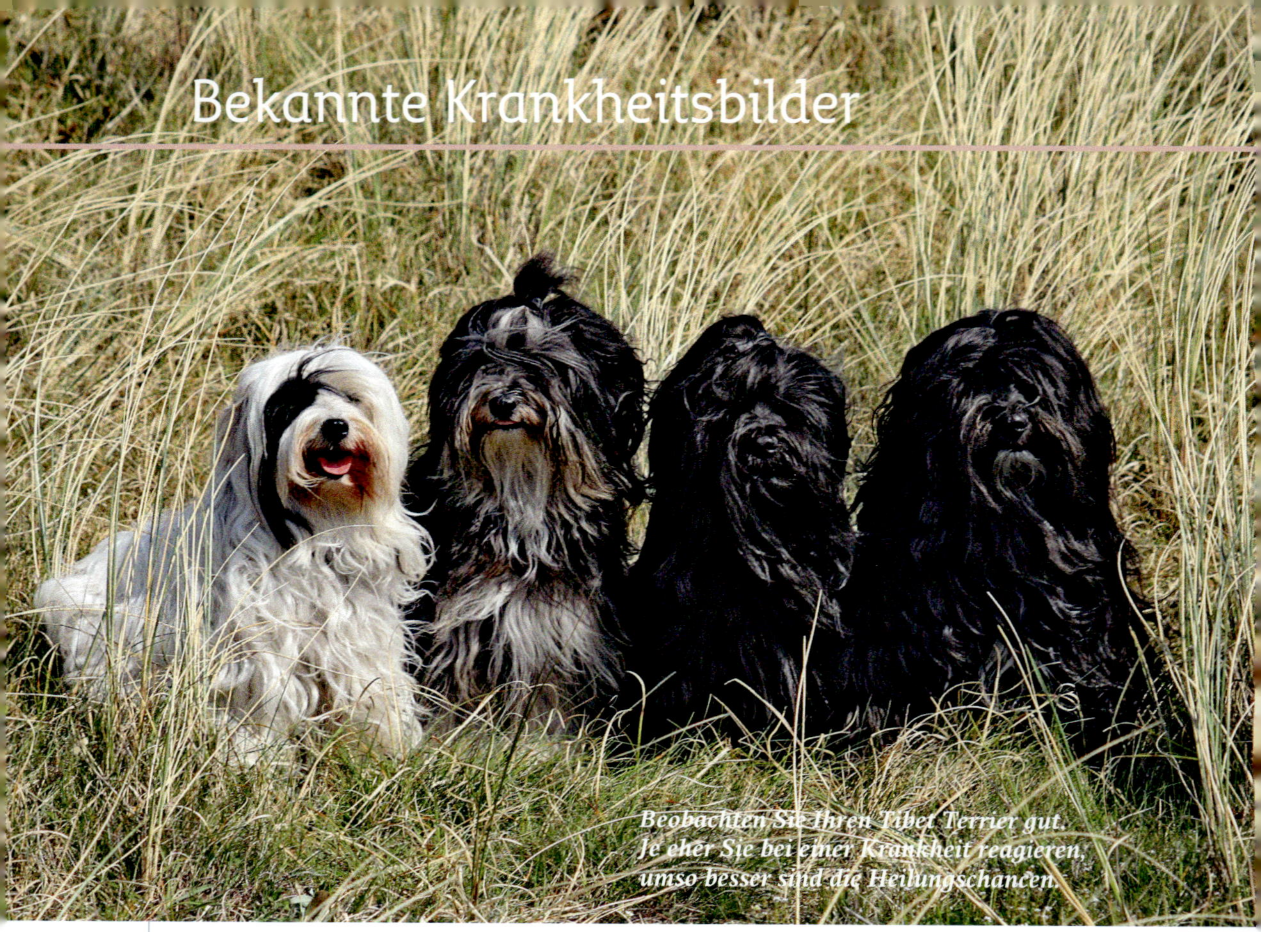

Beobachten Sie Ihren Tibet Terrier gut. Je eher Sie bei einer Krankheit reagieren, umso besser sind die Heilungschancen.

Tibet Terrier sind, was Krankheiten betrifft, nicht wehleidig und hart im Nehmen. Häufig leiden sie still, ehe sie sich ein Unwohlsein anmerken lassen. Beobachten Sie daher Ihren Hund gut und reagieren Sie bereits bei den ersten Anzeichen einer Erkrankung. Suchen Sie frühzeitig einen Tierarzt auf, hat Ihr Vierbeiner grundsätzlich die besten Heilungschancen. Nachfolgend stellen wir einige bekannte Krankheitsbilder vor, grundsätzlich ist der Tibet Terrier aber eine sehr robuste, gesunde und langlebige Rasse.

Hüftgelenksdysplasie (HD)

Unter der Hüftgelenksdysplasie versteht man eine Fehlentwicklung der Hüftgelenke. Hüftpfanne und Oberschenkelkopf entwickeln sich nicht passend zueinander; weil die Pfanne zu flach, der Kopf zu klein oder nicht rund ist,

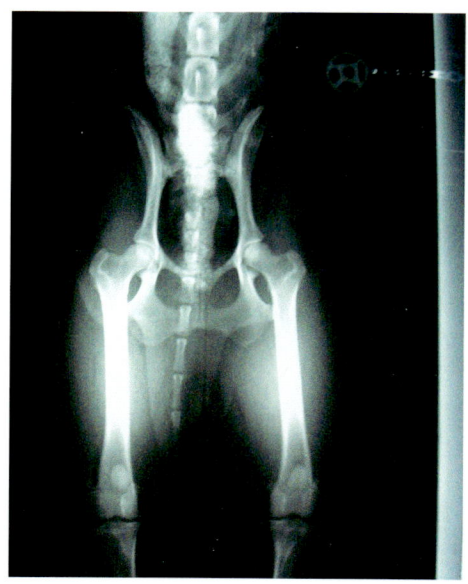

Ein Röntgenbild gibt Aufschluss darüber, ob der Hund an HD leidet oder nicht.

umschließen sich beide Teile nicht richtig; somit liegt zu viel Spiel dazwischen, das zu einer verstärkten Reibung und Abnutzung im Gelenk führt. Dysplasien sind überwiegend genetisch bedingte Entwicklungs- bzw. Wachstumsstörungen. Die Fütterung und Haltung im ersten Lebensjahr spielt allerdings auch eine bedeutende Rolle bei der Entwicklung von klinischen Symptome einer vorhanden HD. Ein Auftreten von klinischen Problemen wird verstärkt, wenn der Hund im ersten Jahr überfüttert und damit übergewichtig ist. Außerdem kann eine Haltung auf glatten Böden wie zum Beispiel Laminat in der Wachstumsphase Probleme hervorrufen. Der VDH-Rassezuchtverein legt auf eine sehr strenge Zuchtauswahl Wert – mit Erfolg, denn der Großteil der in deutschen Rassezuchtvereinen gezüchteten Tibet Terrier ist HD-frei oder zeigt Übergangsformen.

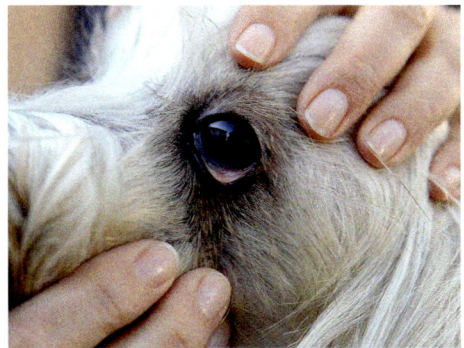

Vor einer Zuchtzulassung werden alle Tibet Terrier auf diverse Augenerkrankungen untersucht.

Progressive Retinaatrophie (PRA)

Die Progressive Retinaatrophie ist ein Sammelbegriff für erbliche, fortschreitende Netzhautdegenerationen mit verschiedenen genetischen Ursachen. Durch lokale Stoffwechselstörungen im Gewebe der Netzhaut wird die Netzhaut kontinuierlich zerstört. Letztendlich führt die PRA zur vollständigen Erblindung, meist um das achte bis zehnte Lebensjahr des Hundes. Eine Behandlungsmöglichkeit gibt es nicht. Die Erkrankung beginnt mit einem verschlechterten Sehvermögen in der Dämmerung oder mit Nachtblindheit. Die VDH-Rassezuchtvereine lassen nur PRA-freie Tibet Terrier zur Zucht zu.

Primäre Linsenluxation (PLL)

Bei einer Linsenluxation löst sich die Linse, wahrscheinlich aufgrund von fehlerhaft entwickelter Fasern, aus ihrer Verankerung und be-

wegt sich frei im Augeninneren. Meist liegt die Linse dann direkt hinter der Hornhaut. Ein normales Sehen ist so nicht mehr möglich. Zusätzlich kommt es zu einem gefährlichen Druckanstieg im Auge. Das Sehvermögen kann nur erhalten werden, wenn die Linse so schnell wie möglich operativ entfernt wird. Ein rasches Handeln ist nötig, da bereits nach wenigen Tagen die Erfolgschancen deutlich gemindert sind. Die Erkrankung tritt meist im Alter von drei bis fünf Jahren auf. Hunde mit einer Linsenluxation sind von der Zucht ausgeschlossen. Für die PLL gibt es bereits einen Gentest.

Patellaluxation

Patellaluxation bedeutet eine plötzliche Verlagerung der Kniescheibe aus ihrer Gleitrinne im Oberschenkelknochen. Mögliche Ursachen sind eine zu flach ausgebildete Gleitrinne und Abweichungen in der Knochenachse zwischen Ober- und Unterschenkel. Die Erkrankung ist vererbbar und tritt meist während des Wachstums im ersten Lebensjahr zutage. In etwa 80 % der Fälle und gehäuft bei Zwerghunderassen luxiert die Kniescheibe nach innen (mediale Luxation). Bei wiederholtem Auftreten können schmerzhafte Gelenk-

Die VDH-Zuchtvereine selektieren schon seit längerem auf gesunde Knie hin.

entzündungen und Knorpelschäden entstehen, die dann wiederum zu Lahmheit und Hochhalten des betroffenen Beins führen. Springt die Kniescheibe in ihre normale Position zurück, wird das Bein wieder normal belastet. Um schwere Gelenkschäden zu vermeiden, ist eine frühzeitige Behandlung angeraten. In einem frühem Stadium ist meist keine Operation notwendig; später müssen die Gleitrinne der Kniescheibe operativ vertieft und die Ansatzstelle des geraden Kniescheibenbandes versetzt werden.

In den VDH-Rassezuchtvereinen wird seit Jahren auf gesunde, stabile Knie selektiert.

Canine Ceroid Lipofuszinose (CCL)

Bei der CCL handelt es sich um eine erbliche, fortschreitend und tödlich verlaufende Speicherkrankheit, die charakterisiert ist durch Ablagerung von fluoreszierendem Lipopigment in den Nervenzellen und vielen weiteren Zellen des Körpers. Die Symptome sind sehr unterschiedlich. Beschrieben werden unter anderem eine Abnahme des Sehvermögens in der Dämmerung (hier häufig Verwechslung mit PRA), Nervosität, Angst und verändertes Fressverhalten, verändertes Verhalten gegenüber Artgenossen und Menschen, unkoordinierter Gang, Probleme beim Springen und Treppensteigen sowie leichte bis schwere epileptiforme Anfälle. Pathologisch ist sowohl eine langsam fortschreitende Netzhautdegeneration als auch eine Anhäufung von Abbaustoffen (Lipopigment) im Gehirn, in den Ganglienzellen der Netzhaut und in der Konjunktiva festzustellen. Zu Lebzeiten des Hundes kann nur eine Verdachtsdiagnose in Verbindung mit einer Konjunktivabiopsie gestellt werden. Die endgültige Diagnose ist nur nach dem Tod des Tieres mittels Pathologie möglich. Ein Markertest ist inzwischen möglich. Nachkommen von erkrankten Tieren sind von der Zucht ausgeschlossen.

Grannen von Wildgräsern und Getreide können einem Tibet Terrier gefährlich werden.

Gefahr durch Grannen im Sommer

Besondere Vorsicht ist in den Sommermonaten mit Grannen von Getreide und Wildgräsern geboten. Sie bleiben, mit kleinen Widerhaken versehen, leicht im Fell langhaariger Hunde hängen, bohren sich in die Haut und gelangen von dort ins Gewebe, wo sie schmerzhafte Entzündungen verursachen. Auch Augen, Ohren und die Zehenzwischenräume sind gefährdet. Entdecken Sie Grannen im Fell Ihres Tibet Terriers, entfernen Sie diese sofort. Gelangen Grannen beispielsweise ins Auge, schwellen die Bindehäute stark an und entzünden sich. Unter Umständen kann eine Hornhautentzündung folgen. Grannen im Gehörgang können sich schmerzhaft ins Trommelfell bohren. An der dünnen Haut zwischen den Zehen sowie an den Achseln oder im Kniebereich dringen Grannen besonders

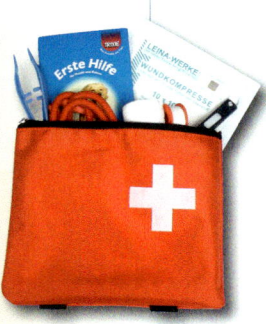

Notfall-Set

+ Elastische Mullbinden
+ Sterile Gaze
+ Selbstklebende Verbände
+ Watte
+ Pflasterrolle
+ Verbandsschere
+ Wunddesinfektionsmittel
+ Antiseptisches Puder
+ Brand- und Antihistamin-Salbe (vom Tierarzt)
+ Heparin-Salbe (vom Tierarzt)
+ Traumeel Salbe
+ Digitales Fieberthermometer
+ Taschenlampe
+ Decke
+ Eventuell Maulkorb
+ Ersatzleine
+ Einmalhandschuhe

schnell ein und verursachen schwere Entzündungen und Abszesse. Besonders gefährlich ist es, wenn Grannen in den Nasen- oder Rachenbereich gelangen. Von hier aus können sie sogar in die Lunge wandern und dort zu gefährlichen Abszessen führen. Suchen Sie bei Symptomen (z. B. Husten, Niesen) sofort einen Tierarzt auf und lassen Sie die Grannen gegebenenfalls operativ entfernen.

111

Alternative Heilmethoden kommen immer mehr und sehr erfolgreich auch in der Tiermedizin zum Einsatz.

Alternative Heilmethoden

Auch im tiertherapeutischen Sektor sind alternative Heilmethoden zunehmend im Kommen. Bei manchen Krankheiten, kann eine schulmedizinische Behandlung häufig völlig durch alternative Verfahren ersetzt werden. Meist dauert solch eine Therapie zwar länger, andererseits ist sie jedoch deutlich nebenwirkungsärmer. Bei chronischen Erkrankungen hat sich der Einsatz alternativer Heilmethoden ebenfalls bewährt. In schweren Krankheitsfällen können natürliche Verfahren mit der Schulmedizin kombiniert werden und so zusätzliche Linderung verschaffen. Im Folgenden stellen wir Ihnen einige bewährte Heilmethoden vor.

Homöopathie

Die Homöopathie, die von dem Arzt Samuel Hahnemann (1755–1843) begründet wurde, betrachtet den Menschen bzw. das Tier in seiner Gesamtheit. Hier spielt nicht nur das akute körperliche Symptom eine Rolle, sondern die gesamte Persönlichkeit des Tieres mit all ihren körperlichen und seelischen Eigenheiten. Um das passende Mittel zu finden, sind also neben dem Leitsymptom auch der Wesenstyp, die

Entstehung der Krankheit, der augenblickliche Zustand und weitere Besonderheiten des Patienten zu beachten. Dabei gilt der Grundsatz: Ähnliches ist mit Ähnlichem zu heilen. Homöopathika stammen überwiegend aus dem Pflanzenreich; man verwendet aber auch Mineralien, Stoffe aus dem Tierreich, Metalle und Nosoden. Mithilfe von Wasser, Alkohol oder Milchzucker entstehen aus den natürlichen Stoffen Ursubstanzen. Diese Ursubstan-

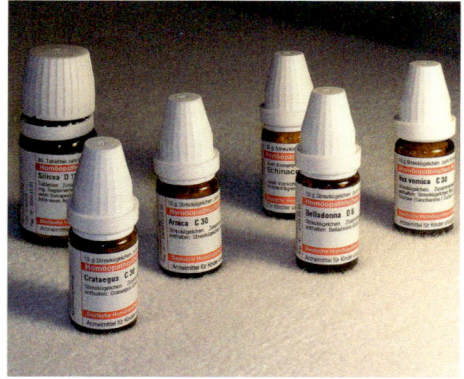

Die Homöopathie sieht Mensch und Tier als Ganzes, nicht nur das körperliche Symptom spielt also eine Rolle, sondern auch die Psyche des jeweiligen Individuums.

zen werden nach den Angaben Hahnemanns durch entsprechende Verdünnungen zu Dezimalpotenzen (z. B. D-, C-, LM-Potenzen) verarbeitet, die der Therapeut schließlich je nach Schweregrad der Erkrankung zur Behandlung einsetzt. Homöopathische Arzneimittel gibt es als Tropfen, Tabletten, Globuli (Streukügelchen) oder Injektionslösungen. Neben den reinen Substanzen sind auch etliche homöopathische Mischpräparate, sogenannte Komplexmittel, erhältlich, die aber der eigentlichen Grundüberzeugung der Klassischen Homöopathie widersprechen.

Phytotherapie

Unter Phytotherapie oder Pflanzenheilkunde versteht man die Lehre der Verwendung von Heilpflanzen als Medikament. Sie gehört zu den ältesten medizinischen Therapien und ist auf der ganzen Welt in allen Kulturen verbreitet. Zum Einsatz kommen dabei ganze Pflanzen und deren Teile (Blüten, Blätter, Wurzel), die auf verschiedene Weise (z. B. als Frischkraut, Aufguss, Auskochung, Kaltwasserauszug und Pulverisierung) zu einem Medikament verarbeitet werden. Meist verwendet der

Bei der Phytotherapie kommen verschiedene Heilpflanzen als Medikament zum Einsatz.

113

Phytotherapeut Stoffgemische, die sich bereits als gut wirksam bewährt haben. Auch die Homöopathie nutzt auf pflanzlicher Ebene die Erkenntnisse der Phytotherapie.

Akupunktur

Die Akupunktur ist ein Teilgebiet der Traditionellen Chinesischen Medizin (TCM). Man geht hier von über 300 Akupunkturpunkten aus, die auf verschiedenen Meridianen (= Energiebahnen) des Körpers angeordnet sind. Durch das Einstechen von speziellen Akupunkturnadeln erwärmen sich die gestochenen Punkte und bringen das Qi (= Lebensenergie) wieder in einen intakten Fluss. Die Akupunktur gehört zu den Umsteuerungs- und Regulationstherapien. Eine Sitzung dauert ca. 20 bis 30 Minuten. Der Patient wird dabei ruhig und entspannt gelagert. Eine komplette Therapie umfasst in der Regel 10 bis 15 Sitzungen. Die Akupunktur hat sich vor allem bei Schmerzpatienten bewährt. Für Hunde mit HD oder anderen Gelenkproblemen ist dies oft die letzte Chance, schmerzfrei zu werden. Eine Spezialform der Akupunktur ist die Goldakupunktur: Dabei werden kleine Goldkügelchen minimalinvasiv unter Narkose in bestimmte Akupunkturpunkte eingesetzt. Diese Goldkugeln bewirken eine Dauerakupunktur; die Schmerzleitung wird dadurch gehemmt und das Tier läuft somit wieder beschwerdefrei. Der Eingriff ist einmalig und wirkt in der Regel ein Leben lang. Die Goldakupunktur führt nicht jeder Tierarzt durch. Voraussetzung ist eine Ausbildung sowie langjährige Erfahrung in Akupunktur, ganzheitlicher Orthopädie und Chirurgie.
Tierärzte mit der Zusatzbezeichnung „Akupunktur" sind bei den einzelnen Landestierärztekammern zu erfragen.

Durch die Osteopathie werden die Selbstheilungskräfte des Körpers aktiviert.

Osteopathie

Die Osteopathie ist eine sanfte Methode, mit deren Hilfe die Selbstheilungskräfte des Körpers neu aktiviert werden. Auch der Osteotherapeut arbeitet ganzheitlich; nach einem ausführlichen Gespräch über den Patienten und dessen Beschwerden erspürt er mit seinen Händen Körperblockaden, die er anschließend durch bestimmte Berührungstechniken auflöst (meist sind mehrere Anwendungen nötig). Auf diese Weise kommt das Körpergewebe wieder ins Gleichgewicht und alle Körperflüssigkeiten zurück in ihren natürlichen Fluss. Osteopathie wird vor allem bei Schmerzpatienten erfolgreich angewendet, wobei der Schmerz meist nur ein Symptom einer tiefer liegenden Erkrankung bzw. Blockade ist. Immer mehr Tierphysiotherapeuten bieten zusätzlich zu ihrem herkömmlichen Leistungsspektrum Osteopathie an.

Was ändert sich im Alter?

Ein alternder Tibet Terrier ist etwas ganz Besonderes: Er strahlt viel Würde und Weisheit aus.

Ein Tibet Terrier altert zwischen dem 9. und 10. Lebensjahr. Dies macht sich nicht nur durch äußere Anzeichen wie dem zunehmenden Grauwerden um Schnauze und Augen bemerkbar, sondern auch durch bestimmte Wesensveränderungen und Alterswehwehchen. Mit der Zeit wird Ihr Tibet Terrier gelassener und ruhiger. Er hat ein höheres Schlafbedürfnis als früher, sein Bewegungsdrang nimmt allmählich ab. Häufig reagieren ältere Vierbeiner weniger flexibel auf Veränderungen. Eine verstärkte Anhänglichkeit, nächtliche Unruhe und geringeres Interesse an Artgenossen ist ebenfalls oft zu erkennen. Manche Hunde zeigen sich sogar schrullig und legen plötzlich bestimmte Marotten an den

Integrieren Sie auch einen älteren Tibet Terrier voll in Ihren Alltag, das gibt ihm ein Gefühl von Geborgenheit und Zugehörigkeit.

Viele ältere Vierbeiner spielen zeitweilig auch noch gerne in kurzen Sequenzen mit anderen Hunden.

Tag, die sie vorher nicht hatten. Ursache hierfür können Verkalkungen im Gehirn sein, die eine Senilität bewirken. Nun sind mehr denn je Ihr Humor und Ihre Lockerheit gefragt. Zwar sollten Sie selbst mit einem alten Vierbeiner konsequent sein, trotzdem darf hier und da ein Augenzwinkern nicht fehlen.

Auch die Leistung der Sinnesorgane lässt allmählich nach: Ihr Tibi hört, sieht und riecht nun schlechter als früher. Viele Hunde zeigen

außerdem eine erhöhte Neigung zu Übergewicht. Um den gefährlichen Folgen des Dickwerdens wie Gelenkschäden oder Herz-Kreislauf-Störungen vorzubeugen, ist eine altersangepasste Ernährung nötig.

Trotz aller Veränderungen ist es wichtig, dass Sie Ihren vierbeinigen Senior nicht als alt, senil und „unbrauchbar" abstempeln!

Der richtige Umgang

Wer rastet, der rostet

Nach dem Motto „Wer rastet, der rostet" altert Ihr Tibet Terrier schneller, wenn er sich abgeschoben fühlt und nicht mehr altersangemessen gefordert wird. Daher ist körperliche Aktivität besonders wichtig. Sie bringt nicht nur den Kreislauf in Schwung, auch Muskeln und Gelenke bleiben beweglich. Ebenso wird die Durchblutung aller Organe angeregt und eine optimale Sauerstoffversorgung gewährleistet. Der zusätzliche Abbau von Stresshormonen führt zu ausgeglichener Zufriedenheit. Richten Sie Art und Umfang der Bewegung nach den individuellen Bedürfnissen, der Fitness und der allgemeinen, bis dahin erworbenen Kondition Ihres Tibet Terriers aus. Gehen Sie sensi-

Fitmacher „Spielen"

Fordert Ihr vierbeiniger „Rentner" Sie noch zum Spielen auf, machen Sie ihm die Freude und gehen Sie darauf ein; so fühlt er sich wichtig und dazugehörig. Respektieren Sie allerdings die Tatsache, dass ältere Hunde schneller die Lust am Spielen verlieren als Jungspunde. An manchen Tagen ist Ihr betagter Freund vielleicht überhaupt nicht zum Spielen aufgelegt. Möchte Ihr Senior von heute auf morgen nicht mehr spielen, lassen Sie ihn vom Tierarzt untersuchen, denn eventuell verdirbt ihm ein akutes gesundheitliches Problem den Spaß.

*Lassen Sie Ihren Tibet Terrier erst langsam auf-
wärmen, ehe er einen rasanten Sprint hinlegt.*

an eine sportliche Betätigung sollte Ihr Senior ebenfalls in ruhigem Tempo wieder abkühlen können.

Angemessene Bewegung für Seniorhunde

Um Gelenke, Muskeln und Bänder zu schonen, ist eine gleich bleibende Bewegungsabfolge empfehlenswerter als beispielsweise ein wildes Ballspiel, bei dem der Hund abrupt starten und wieder abbremsen muss.

Extrem Kreislauf belastend sind hohe, schwüle Sommertemperaturen. Verlegen Sie Spaziergänge und sportliche Aktivitäten mit Ihrem wedelnden Rentner an solchen Tagen also lieber auf die kühlen Morgen- und Abendstunden.

Nach wie vor ein toller Sommersport für alte Tibet Terrier ist Schwimmen. Der dabei ausgeführte gleichmäßige Bewegungsablauf schont den Kreislauf und die Gelenke. Hier kann Ihr Tibi auch sein Tempo und das Maß der Bewegung gut selbst bestimmen. Nichtschwimmer planschen vielleicht lieber à la

bel auf den Aktivitätsdrang Ihres Vierbeiners ein; beobachten Sie ihn gut und überfordern Sie ihn nicht. Ein Spaziergang, auf dem Ihr wedelnder Senior über sein Tempo und eventuelle Toberunden selber bestimmen darf, ist besser als eine Joggingrunde, bei der Ihr alter Freund nur mühsam Schritt halten kann. Untrainierte Vierbeiner sollten Sie nicht von heute auf morgen anstrengenden, ungewohnten Aktivitäten aussetzen.

Bei Spaziergängen ist Regelmäßigkeit und Gleichmäßigkeit sehr wichtig; das heißt: Gehen Sie mit einem alten Tibet Terrier lieber mehrmals täglich eine halbe Stunde spazieren als einmal am Tag ganz lang. Diese Kontinuität sollten Sie auch am Wochenende und im Urlaub beibehalten, damit der Grad der Belastung einheitlich bleibt. Achten Sie außerdem darauf, dass Ihr Senior vor einer Übungseinheit auf dem Hundeplatz, einer Toberunde mit Artgenossen oder einer kleinen Fahrradtour genügend aufgewärmt ist. Ein unvorbereiteter Kaltstart belastet Herz, Kreislauf, Muskeln, Bänder und Gelenke zu stark. Führen Sie Ihren Tibet Terrier lieber erst in gleichmäßigem Schritttempo an der Leine spazieren, ehe er sich richtig auspowern darf. Im Anschluss

*Gehen Sie mit einem alten Hund im Sommer lieber in
den kühlen Morgen- und Abendstunden spazieren als
in der größten Mittagshitze.*

Schwimmen oder Planschen ist für Seniorhunde bei warmem Wetter ein gesunder Sport, vorausgesetzt natürlich, sie sind nicht wasserscheu.

Kneipp. Nutzen Sie in der warmen Jahreszeit also jeden Bach oder Teich, an dem sie vorbeikommen. Vielleicht haben Sie die Möglichkeit Ihrem alten Freund im Garten einen Plastiksandkasten aufzustellen und mit Wasser zu füllen. Solch ein Planschbecken nutzen wasserfreudige Tibet Terrier gerne für regelmäßige Abkühlungen an heißen Sommertagen. Rubbeln Sie einen empfindlichen Hund an kühlen Tagen unbedingt gut trocken, denn Nässe und Wind führen schnell zu einer gefährlichen Lungenentzündung oder einem schmerzhaften Rheumaschub. Für die kalten Wintermonate gibt es inzwischen schon vereinzelt Hun-

Allroundhelfer „Spaziergang"

Regelmäßiges Spazierengehen ist für alte Hunde toll und sehr wichtig. Der Vierbeiner kann hier sein Tempo selbst bestimmen. Die Bewegungsabläufe sind in der Regel gleichmäßig. Außerdem hält ein Gang an der frischen Luft viele Sinneseindrücke parat: Ihr Senior hat Kontakt zu Artgenossen und zu anderen Menschen. Zudem nimmt er unterschiedliche Gerüche wahr („Zeitung lesen"). Und: Die Bewegung draußen bei jedem Wetter stärkt das Immunsystem. Ein Spaziergang wird abwechslungsreicher, wenn Sie unterwegs kleine Spielchen oder Gehorsamsübungen einstreuen. Nehmen Sie es Ihrem Rentner aber nicht krumm, wenn er mal einen schlechteren Tag und somit keine Lust auf Gaudi hat. Stecken Sie zur Belohnung immer die Lieblingsleckerlis Ihres haarigen Freundes ein. Auch die regelmäßige Verabredung mit anderen Hundebesitzern macht die tägliche Bewegung kurzweiliger.

deschwimmbäder; diese sind in der Regel einer Praxis für Tierphysiotherapie angeschlossen.

Leidet Ihr Vierbeiner bereits unter körperlichen Beschwerden, müssen Sie ihn dennoch nicht völlig ruhig stellen. Bei etlichen chronischen Erkrankungen trägt ein individuell abgestimmtes Mobilitätsprogramm oft sogar zur Besserung bei. In der Akutphase kann allerdings vorübergehende Ruhe nötig sein. Am besten besprechen Sie sich in einem solchen Fall mit Ihrem Tierarzt. Er klärt Sie je nach Art und Schwere des Leidens Ihres Tibet Terriers darüber auf, welche Bewegungen erlaubt und welche verboten sind. Bei Krankheiten des Bewegungsapparates hilft auch eine gezielte Physiotherapie.

Spaziergänge bei jedem Wetter stärken nicht nur das Immunsystem, sondern fördern auch alle Sinne Ihres vierbeinigen Seniors.

Beschäftigungstipps für Seniorhunde
Viele Hunde spielen noch bis ins hohe Alter, meist zwar nicht mehr mit Artgenossen, dafür aber in kurzen Sequenzen mit Herrchen oder Frauchen. Spielen macht dann nicht nur Spaß, sondern hat für ältere Vierbeiner sogar einen therapeutischen Nutzen – es bedeutet Ablenkung von kleineren Alterswehwehchen sowie Stärkung des altersmäßig häufig angeknacksten Selbstbewusstseins, denn der vierbeinige Senior steht plötzlich wieder ganz im Mittelpunkt und erhält viel Lob, das zu neuem Stolz verhilft. Viele Graue Schnauzen fallen durch ein lustiges Spiel sogar regelrecht in einen Jungbrunnen. Und: Hunde, die ihr Leben lang spielerisch gefordert wurden, bleiben generell länger fit und gesund. Selbstverständlich verlangt das Spielen mit älteren Vierbeinern erhöhte Rücksichtnahme auf den aktuellen

Gesundheitszustand sowie die bis dahin erworbene Kondition. Diverse Zipperlein sind aber trotzdem noch kein Grund, generell auf Spiel und Spaß zu verzichten. Mit etwas Fantasie, viel Einfühlungsvermögen und Humor findet man genügend Möglichkeiten, auch einen Seniorhund alters angemessen zu fordern.

🐕 *Haben Sie einen alternden, aber noch fitten Sportler im Haus, lassen Sie ihn über niedrige Hürden oder durch einen höhenverstellbaren Reifen springen. Letzterer lässt sich leicht aus einem Fahrradreifen, der in einen Skistock eingefädelt ist, selbst bauen.*

🐕 *Apportieren steht bei vielen älteren Hunden noch hoch im Kurs. Mit Rücksicht auf den schon abgenützten Bewegungs-*

Mit etwas Fantasie und Kreativität gibt es noch viele Möglichkeiten, einen älteren Hund schonend zu fordern.

119

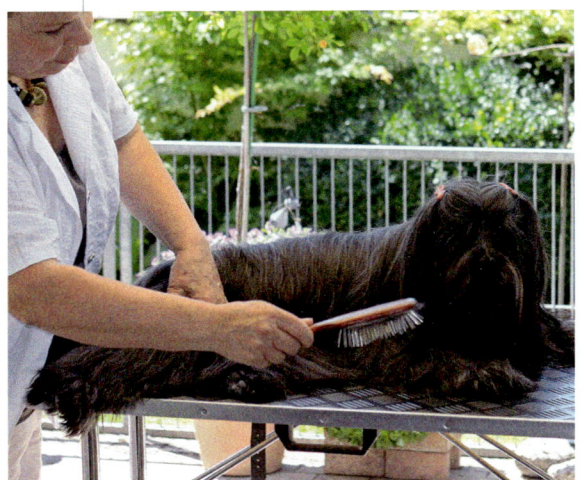

Bürsten wirkt wie eine angenehme, durchblutungsfördernde Massage.

Ein gelegentliches Abfragen des Grundgehorsams hält auch geistig fit.

apparat des Tieres sollten die zu bringenden Gegenstände allerdings wenig wiegen. Außerdem sollten Sie das Apportel nicht werfen, sondern rollen, um ein Lossprinten sowie abruptes Wenden und Bremsen des Hundes zu vermeiden, denn dies könnte zu Verletzungen der alten Gelenke und Knochen führen. Ansonsten sind Ihrer Fantasie kaum Grenzen gesetzt: Ob Gartenhandschuhe, Zeitung, Pantoffel oder Schirm, Ihr vierbeiniger Gentleman wird Sie sicherlich nicht enttäuschen.

🐕 *Bieten Sie Ihrem vierbeinigen Rentner außerdem Schnüffelspiele an, die seine Sinne und die Konzentrationsfähigkeit fördern. Da die Riechleistung im Alter abnimmt, sind stark duftende „Lockstoffe" wie getrockneter Pansen empfehlenswert, mit dem Sie beispielsweise eine Fährte durch den Garten legen können. Immer wieder beliebt ist auch das Hütchenspiel: Stellen Sie drei umgedrehte Plastikblumentöpfe in etwas Abstand nebeneinander auf; unter einen Topf legen*

Sie vor den Augen Ihres Vierbeiners ein Leckerchen; nun vertauschen Sie mehrmals durch Verschieben die Plätze der „Hütchen". Anschließend muss Ihr Senior die Leckerei finden.

🐕 *Beherrscht Ihr Tibet Terrier Kunststückchen, fragen Sie diese immer wieder ab, denn das hält geistig fit. Hunde, die hier über Jahre hinweg trainiert wurden, lernen selbst noch im Alter problemlos neue Tricks. Aber auch für eher ungeübte Rentner ist eine Neueinstudierung leichter Übungen wie Pfotegeben oder „Sichschlafend-Stellen" machbar und sinnvoll, denn durch Kopfarbeit bleiben ergraute Schnauzen deutlich länger jung. Selbst die wiederholte Abfrage des Grundgehorsams ist für alte Hunde eine wichtige Bestätigung.*

Das gemeinsame Spielen mit einem Seniorhund bringt nicht nur viel Spaß und neue Lebensfreude, sondern schweißt Sie noch enger zu einem tollen Team zusammen. Nützen Sie die Zeit miteinander so lange es geht!

Gepflegt im Alter

Richtig verwöhnen können Sie Ihren vierbeinigen Liebling mit einigen Anwendungen aus dem Wellnessbereich. So wird durch eine entspannende Bürstenmassage beispielsweise nicht nur abgestorbenes Haar herausgekämmt, sondern auch die vermehrte Durchblutung der Haut angeregt. Intensives Streicheln wirkt ebenfalls wie eine angenehme, vitalisierende Massage. Massieren Sie Ihren Tibet Terrier sanft mit kreisförmigen Bewegungen. Lockernd wirkt ein leichtes Kneten und Rollen von Haut und Muskeln. Die Aromatherapie kann Hundesenioren zu neuer Energie verhelfen; sie stärkt den Kreislauf, aktiviert die Abwehrkräfte und fördert die seelische Ausgeglichenheit. Außerdem wird ihr eine besonders erfrischende Wirkung nachgesagt. Geben Sie einige Tropfen der ätherischen Öle entweder in eine Duftlampe, in ein Kräutersäckchen oder direkt auf den Liegeplatz des Hundes, allerdings sehr sparsam dosiert, damit die feine Hundenase den Geruch nicht als störend empfindet. Für ältere Vierbeiner sind Lavendel, Zitrone, Grapefruit, Orange, Geranium und Muskatellersalbei empfehlenswert, denn sie haben auf den gesamten Organismus eine stärkende und aufbauende Wirkung.

Mit alternativen Heilmethoden zu neuer Lebensqualität

Bei manchen Altersbeschwerden können Hunden unterschiedliche Verfahren aus der Naturheilkunde helfen. So hält die Homöopathie mit Präparaten wie Echinacea zur Stärkung der Abwehrkräfte, Crataegus zur Anregung und Stabilisierung der Herztätigkeit und Vermiculite gegen Zahnstein und Zahnfleischentzündungen bewährte Mittel bereit. Bachblüten helfen bei Tieren mit altersbedingten Wesensveränderungen. Um das richtige Präparat für Ihren Hund zu finden, besprechen Sie sich am besten mit einem naturheilkundlich erfahrenen Tierarzt. In der Schmerztherapie erzielt die Akupunktur sehr gute Erfolge. Schmerzmittel lassen sich dadurch meist deutlich reduzieren, manchmal werden sie sogar gänzlich überflüssig. Die Akupressur ist eine Abwandlung der Akupunktur; hier ersetzen die Berührung und der Druck der Finger die Nadeln. Dies wirkt sich nicht nur sehr positiv und entspannend auf den Körper aus, sondern auch auf die Seele des Vierbeiners. Einfache Hausmittel tun Ihrem Hundesenior ebenfalls gut. Leidet Ihr Tibet Terrier beispielsweise an Rheuma, legen Sie eine Wärmflasche oder ein erwärmtes Dinkel- bzw. Kirschkernkissen in den Hundekorb. Ein auf diese Weise vorgewärmtes Körbchen wirkt

Leidet Ihr Tibet Terrier unter Gelenkbeschwerden, tut ihm ein erwärmtes Dinkelkissen im Hundelager gut.

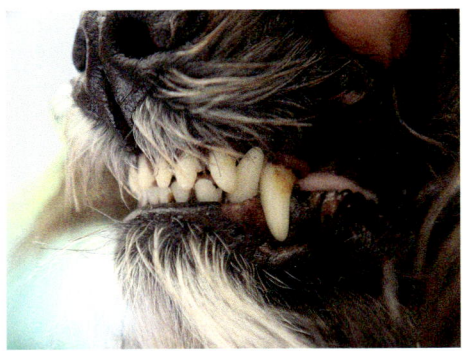

Eine regelmäßige Zahnkontrolle muss sein!

Gerade älteren Hunden tut eine gezielte Physiotherapie, beispielsweise auf einem Unterwasserlaufband, gut.

Pflege-Tipps für Seniorhunde

✓ Regelmäßige Zahnkontrolle sowie Zähne-putzen sind empfehlenswert, denn Pro-phylaxe schützt wirksam vor vielen Zahn-problemen.

✓ Bürsten und kämmen Sie Ihren Tibet Terrier regelmäßig.

✓ Kontrollieren Sie regelmäßig die Haut auf Veränderungen und eventuelle Liege-schwielen sowie die Krallen.

✓ Tasten Sie Ihren Senior wöchentlich nach eventuellen Veränderungen ab.

✓ Entwurmen Sie auch den älteren Tibet Terrier alle drei bis vier Monate bzw. lassen Sie eine Kotprobe untersuchen.

✓ Reinigen Sie nach Bedarf Augen, Ohren, Scham bzw. Penis.

✓ Rauchen Sie nicht in der Gegenwart Ihres Hundes, denn Passivrauchen beschleunigt den Alterungsprozess.

✓ Geben Sie Ihrem Vierbeiner einen warmen, weichen und vor Zugluft geschützten Schlafplatz, den Sie hygienisch sauber halten.

✓ Gehen Sie ein- bis zweimal im Jahr zur Altersvorsorgeuntersuchung zu Ihrem Tier-arzt.

✓ Lassen Sie ab dem siebten Lebensjahr Ihres Hundes einmal jährlich routinemäßig eine Blutuntersuchung machen.

Physiotherapie für daheim

✓ *Lassen Sie Ihren Hund abwechselnd Pföt-chen geben: Dies löst Verspannungen im Schulterbereich und stärkt gleichzeitig die Muskulatur.*

✓ *Ein mehrmaliges „Sitz" und „Steh" im Wechsel entspricht den menschlichen Knie-beugen; dadurch wird mehr Muskulatur in der Hinterhand aufgebaut.*

✓ *Ein kleiner Cavaletti-Lauf fördert die Kon-zentration, die Koordination und den Auf-bau der Beinmuskulatur. Legen Sie hierfür eine Leiter oder einige Besenstiele etwas erhöht auf den Boden und achten Sie da-rauf, dass Ihr wedelnder Gefährte ganz exakt eine Pfote nach der anderen in die Sprossenzwischenräume setzt.*

✓ *Pumpen Sie eine stoffbezogene Luft-matratze nicht ganz prall auf; nun stellen Sie sich und Ihren Hund darauf und treten leicht auf der Stelle. Diese flexible Unter-lage fördert den Gleichgewichtssinn Ihres Vierbeiners und wirkt muskelaufbauend.*

✓ *Ein Slalom durch Ihre Beine ist für Ihren Vierbeiner eine gute Dehnübung, da sich der gesamte Hundekörper dabei beidseitig leicht u-förmig dehnt.*

Bitte vergessen Sie nicht *bei all diesen Übungen ausgiebiges Loben und Leckerlis zur Belohnung, schließlich soll auch eine Physio-therapie Spaß machen!*

sich auch bei Hunden mit Gelenkproblemen sehr positiv aus. Bekommt Ihr vierbeiniger Senior nach einer längeren Wanderung Muskel-kater, schaffen Einreibungen und Umschläge mit Arnikasalbe oder verdünnter -tinktur Er-leichterung. In der kalten Jahreszeit bewährt sich diese Behandlung ebenfalls bei älteren Hunden mit rheumatischen Muskel- oder Ge-lenkbeschwerden.

Ein weiteres sehr breites Heilungsspektrum bietet die Physiotherapie, die neben spezieller Krankengymnastik diverse Wasser-, Massage- und Magnetfeldtherapien beinhaltet. Lassen Sie also Ihren vierbeinigen Senior im Fall der Fälle neben dem eigenen Verwöhnprogramm auch von den therapeutischen Fortschritten

der Tiermedizin profitieren. Er hat es sich nach Jahren treuer Freundschaft redlich ver-dient!

Abwechselndes Pfötchengeben löst Verspannungen und stärkt die Muskulatur, nicht nur bei alten Hunden.

Ernährungstipps

Natürlich darf eine dem Alter entsprechend angepasste Ernährung nicht fehlen. Stellen Sie Ihren Tibet Terrier langsam auf eine leichtere, energieärmere Nahrung um, damit er nicht übergewichtig und dadurch zusätzlich träge wird; immerhin sinkt der Energiebedarf Ihres Hundes im Alter um etwa 20 %. Füttern Sie nun zwei- bis dreimal am Tag, denn mehrere kleine Portionen sind leichter zu verdauen als eine Große. Achten Sie unbedingt auf die Linie Ihres Tibet Terriers, denn schlanke Hunde sind gesünder und leben länger. Im Fachhandel erhalten Sie spezielles Seniorfutter, das extra auf die Bedürfnisse und den verlangsamten Stoffwechsel alter Hunde abgestimmt ist. Bei diversen Erkrankungen bekommen Sie ein genau abgestimmtes Diätfutter über den Zoofachhandel oder Ihren Tierarzt. Allgemein sollte Seniorfutter besonders schmackhaft und hochverdaulich sein. Geben Sie keine Nahrungsergänzungsmittel (Vitamine, Mineralstoffe), ohne es vorher mit Ihrem Tierarzt abgesprochen zu haben, denn auch Vitamine oder Mineralien können überdosiert schaden. Täglich frisches Trinkwasser darf natürlich nicht fehlen. Hat Ihr Hund deutlich weniger Durst, stellen Sie ihn auf Nassfutter (Dosenfutter) um oder mischen Sie seinem herkömmlichen Futter zusätzlich Wasser bei, damit er

Extra-Tipp

Füttern Sie im Sommer nicht in der größten Mittagshitze: Ein voller Bauch wirkt bei großer Hitze zusätzlich kreislaufbelastend. Lassen Sie Ihren Senior nach dem Fressen mindestens 1 Stunde ruhen.

Leckerli-Spaß für Seniorhunde

Möchten Sie Ihren Vierbeiner mal mit selbst gebackenen Leckerlis verwöhnen, dann probieren Sie folgendes Rezept aus.

Sie benötigen folgende Zutaten:
100 g feine Senior-Hundeflocken
2 Eier
4 TL Senior-Dosenfutter

Alle Zutaten werden in einer Schüssel zu einem Teig verarbeitet. Daraus formen Sie nun kleine Bällchen, legen diese auf ein mit Backpapier ausgelegtes Backblech und lassen sie ca. 35 Minuten bei 175 °C im bereits vorgeheizten Backofen fest werden.
Dieses Rezept ist für jeden Hundetyp geeignet, denn ganz gleich, ob er Diätfutter braucht oder in Bezug auf Leckerli besonders wählerisch ist, Sie können dafür sein ganz normales tägliches Hundefutter verwenden. Füttern Sie normalerweise keine feinen Flocken, sondern gröberes Futter, wird dies vorher einfach in einer Küchenmaschine zerkleinert.
Damit der Spaß komplett wird, kann sich der Vierbeiner seine „Plätzchen" erarbeiten; dazu darf natürlich die richtige Verpackung nicht fehlen. Hier empfiehlt sich beispielsweise eine kleine Papiertüte oder ein ausrangiertes Stofftaschentuch. Aber auch ein alter Socken birgt, mit den Leckerlis gefüllt, einen großen Auspackspaß für den Hund und ist, geleert, anschließend auch noch ein tolles Spielzeug. Eine weitere geeignete Verpackung ist eine kleine Schachtel, beispielsweise von einer Glühbirne, oder einfach nur altes Zeitungspapier.

nach wie vor ausreichend mit Flüssigkeit versorgt wird.

Stecken Sie Ihrem Vierbeiner keine Süßigkeiten und Essensreste zu – dies wäre falsch verstandenes Verwöhnen und schadet älteren Hunden besonders. Belohnen Sie nur mit echten Hundeleckerlis; inzwischen gibt es sogar schon Leckereien in Senior- oder Lightqualität.

Abschied

Leider währt ein Hundeleben nicht ewig und so ist auch irgendwann nach Jahren des gemeinsamen Zusammenlebens die Zeit des Abschieds gekommen. Manche Senioren schlafen einfach friedlich ein. Häufig jedoch wird der Hundebesitzer in die verantwortungsvolle Pflicht genommen, über Leben und Tod des Hundes selbst zu entscheiden. Leidet Ihr Tibet Terrier und wird ihm das Leben zur Qual, weil selbst die Tiermedizin an ihre Grenzen kommt und ihm seine Schmerzen nicht mehr nehmen kann, ist es an der Zeit, ihn von seinem Leiden zu erlösen. Viele Tierärzte kommen hierfür auch zu Ihnen nach Hause, damit dem gebrechlichen Vierbeiner weiterer Stress durch einen unnötigen Transport erspart bleibt, und er in seiner gewohnten Umgebung ruhig und würdevoll für immer einschlafen darf.

Der Abschied von Ihrem langjährigen, treuen Begleiter ist natürlich mit großer Trauer verbunden. Haben Sie sich jedoch sein Hundeleben lang auf seine Bedürfnisse eingestellt und waren Sie in guten wie in schlechten Zeiten für ihn da, ist die Gewissheit eines erfüllten, tollen Hundelebens, das Ihr Tibet Terrier bei Ihnen hatte, vielleicht ein kleiner Trost. Da die Trauer um einen geliebten Vierbeiner nicht zu unterschätzen ist, gibt es inzwischen in vielen Orten Tierfriedhöfe oder -krematorien, die durch einen ganz bewussten Abschied und einen festen Ort der Trauer, den man jederzeit

Jeder Tibet Terrier ist ein ganz einmaliges, liebenswertes Individuum, daher sollten Sie ihn mit keinem anderen Tibi vergleichen.

besuchen kann, die Trauerarbeit und das Loslassen erleichtern.

Natürlich wird Ihr verstorbener Tibet Terrier unersetzlich bleiben, trotzdem stellt sich Ihnen nach einiger Zeit vielleicht wieder die Frage nach einem neuen Hund. Stimmen auch dann noch alle Voraussetzungen für eine Anschaffung, ehren Sie das Andenken an Ihren Vierbeiner, indem Sie sich einen neuen Tibi anschaffen. Doch machen Sie nicht den Fehler, ihn mit Ihrem vorigen Hund zu vergleichen. Jeder Tibet Terrier ist absolut einmalig und auf seine ganz eigene Weise liebenswert.

Tierbestattungen

Adressen von Tierfriedhöfen und -krematorien in Ihrer Nähe bekommen Sie über den Bundesverband der Tierbestatter e.V.: **www.tierbestatter-bundesverband.de**. *Eventuell können Ihnen aber auch Ihr Tierarzt oder der örtliche Tierschutzverein weiterhelfen.*

Hilfreiche Adressen und Links

Rassezuchtvereine

Deutschland

Internationaler Klub für
Tibetische Hunderassen e.V.
Gerda Contoagelos
(Welpenvermittlung)
Distelweg 2b
D-90768 Fürth
Tel: 0911-75 15 37
www.tibethunde-ktr.de

Internationaler Club für Lhasa
Apso und Tibet Terrier e.V.
Marlies Üing
(Welpenvermittlung
+ Notvermittlung)
Voßheiderstr.146
D-47574 Goch
Tel: 02823-80 768
Fax: 02823-87 92 853
www.ilt-tibet.de

Spezialclub für Tibet Terrier und
Lhasa Apso e.V. (CTA)
Maika Liebelt
Forstring 93
D-42929 Wermelskirchen
Tel: 02196-70 81 35
Fax: 02196-70 81 36
www.ctaonline.de

Österreich

Österreichischer Klub für
Tibetische Hunderassen (ÖTH)
Susanne Schwann
(Welpenvermittlung)
A-2224 Obersulz 142
Tel: 0043-(o)699-15 22 13 68
Jeanette Steup
(Rassebeauftragte)
Frauental 10
A-2224 Niedersulz
Tel: 0043-(o)699-12 72 99 24
www.oeth.at

Schweiz

Tibet Terrier Klub der Schweiz
(TTKS)
Béatrice Bach
(Welpenvermittlung)
Route du Lac 63
CH-1586 Vallamand
Tel :0041-(o)26-677 47 41
www.tibetterrier.ch

Kynologenverbände

Verband für das Deutsche
Hundewesen (VDH)
Westfalendamm 174
(Geschäftsstelle)
D-44141 Dortmund
Tel: 0231-565 00-0
Fax: 0231-59 24 40
www.vdh.de

Österreichischer Kynologen-
verband (ÖKV)
(Geschäftsstelle)
Siegfried-Marcus-Str. 7
A-2362 Biedermannsdorf
Tel: 0043-(o)2236-71 06 67
Fax: 0043-(o)02236-71 06 67-30
www.oekv.at

Schweizerische Kynologische
Gesellschaft (SKG)
(Geschäftsstelle)
Brunnmattstr. 24
CH-3007 Bern
Tel: 0041-(o)31-306 62 62
Fax: 0041-(o)31-306 62 60
www.hundeweb.org

Haustierregister

Deutscher Tierschutzbund e.V.
(Geschäftsstelle)
Baumschulallee 15
D-53115 Bonn
Tel: 0228-60 49 60
Fax: 0228-60 49 640
www.tierschutzbund.de

TASSO e.V.
Haustierzentralregister
Frankfurter Str. 20
D-65795 Hattersheim
Tel: 06190-93 73 00
Fax: 06190-93 74 00
www.tiernotruf.org

Internationale Zentrale
Tierregistrierung (IFTA)
Nördliche Ringstr. 10
D-91126 Schwabach
Tel: 00800-43 82 00 00
Fax: 09122-88 51 989
www.tierregistrierung.de

Interessante Links zu Internetseiten rund um den Hund:

www.partner-hund.de
www.hundefinder.de/hundeschulen
www.ferien-mit-hund.de
www.flughund.de
www.haustierratgeber.de
www.esccap.de (Empfehlungen zu
Wurmkur, Impfungen)

Der Verlag ist nicht für
den Inhalt von Internetseiten und
deren Links verantwortlich.

Haftungsausschluss: In diesem Buch sind die Namen von Medikamenten, die zugleich eingetragene Warenzeichen sind, als solche nicht besonders kenntlich gemacht. Es kann also aus der Bezeichnung der Ware mit dem für diese eingetragenen Warenzeichen nicht geschlossen werden, dass die Bezeichnung ein freier Warenname ist. Die Markennamen wurden nur beispielhaft aufgeführt. Hinsichtlich der in diesem Buch angegebenen Dosierungen von Medikamenten usw. wurde die größtmögliche Sorgfalt beachtet. Gleichwohl werden die Leser aufgefordert, die entsprechenden Beipackzettel der Hersteller zur Kontrolle heranzuziehen. Die beispielhafte Auflistung von Medikamenten bzw. Wirkstoffen ist kein Beweis dafür, dass diese in Deutschland zugelassen sind. Der behandelnde Tierarzt ist aufgefordert, die jeweilige (Zulassungs-)Situation zu überprüfen.

Dank

Mein besonderer Dank gilt Birgit Stasche und ihrem Zwinger „von Kirata" (www.tibet-terrier-von-kirata.de) für ihren enormen Einsatz rund um das Buch, die fachliche Mitarbeit und Beratung sowie die Bereitstellung mehrerer Privatfotos.

Ein großer Dank geht außerdem an Christine Steimer (www.tierfotografie-steimer.de) für ihre einmaligen, direkt aus dem Leben gegriffenen Fotos. Ihre Bilder stellen immer wieder eine große Bereicherung für die Premium-Ratgeber-Reihe dar.

Danke auch allen zwei- und vierbeinigen Modells, die sich netterweise für Fotoaufnahmen zur Verfügung gestellt haben, insbesondere Wendy Stasche, Dieter und Brigitte Giebfried (www.chihosang.de) sowie Brigitte Franke (www.yunomi.de).

Familie Giebfried, Anke Michaelis (www.kamakator.com) und Nicole Starke danke ich, dass wir Privataufnahmen von ihnen in diesem Buch abdrucken durften.

Ein weiteres dickes Dankeschön geht an Ingrid Heindl (www.tierphysiotherapie-bayern.de) und Dr. med. vet. Susanne Winhart: Ihr fachlicher und persönlicher Rat ist mir stets eine große Hilfe.

Außerdem gilt mein herzlicher Dank Familie Schmitt und Tobias Volg für ihren steten Rückhalt in allen Fragen und Bereichen sowie meinen Redaktionshunden „Luzie" und „Peggy" für ihr beruhigendes Schnarchen während meiner Arbeit und unsere gemeinsamen, entspannenden Spaziergänge und Spielrunden zwischendurch.

Annette Schmitt

Bildnachweis

Alle Bilder im Innenteil und das Titelbild stammen von Christine Steimer, außer:
Schmitt, Annette: S. 71 unten, 73 (2), 77 rechts, 112 unten, 121 links, 122, 124
Stasche, Birgit: S. 9 oben, 13, 24 unten, 27 unten, 59 (4), 62, 89 oben, 102 unten, 103, 119, 123
Giebfried, Dieter und Brigitte: S. 8 unten, 9 unten, 10 unten, 25, 30 (2), 31, 42 unten, 54 links, 61 unten, 68 unten, 71 oben, 75, 88 rechts, 96 rechts, 104, 105 rechts, 108 (2), 111 links, 120 rechts
Tierfotoagentur.de / D. Jakob: S. 34 unten links, 58, 82
Tierfotoagentur.de / J. Hutfluss: S. 49 oben
Tierfotoagentur.de / M. Hannawacker: S. 85 unten
Tierfotoagentur.de / R. Richter: S. 41, 55 unten, 64 oben, 92 oben, 113
Tierfotoagentur.de / Traumfoto: S. 35 oben, 38, 39 links
Trixie: S. 32 (4), 33 (2), 34 (3), 35 (4), 46 (4), 47 (2), 70, 111 rechts

Wir danken der Firma TRIXIE Heimtierbedarf GmbH & Co. KG für das Zurverfügungstellen der Bilder.

Register

Hinweis: Die in diesem Buch enthaltenen Empfehlungen und Angaben sind von den Autoren mit größter Sorgfalt zusammengestellt und geprüft worden. Eine Garantie für die Richtigkeit der Angaben kann aber nicht gegeben werden. Autoren und Verlag übernehmen keinerlei Haftung für Schäden und Unfälle. Der Leser sollte bei der Anwendung der in diesem Buch enthaltenen Empfehlungen sein persönliches Urteilsvermögen einsetzen.
Der Verlag Eugen Ulmer ist nicht verantwortlich für die Inhalte der im Buch genannten Websites.

Impressum

Bibliografische Information der Deutschen Nationalbibliothek
Die Deutsche Nationalbibliothek verzeichnet diese Publikation in der Deutschen Nationalbibliografie; detaillierte bibliografische Daten sind im Internet über http://dnb.d-nb.de abrufbar.

© 2014 Eugen Ulmer KG
Wollgrasweg 41, 70599 Stuttgart (Hohenheim)
E-Mail: info@ulmer.de
Internet: www.ulmer.de
Umschlagentwurf: Sojus Design, Kai Twelbeck, Stuttgart
Satz: r&p digitale medien, Echterdingen
Repro: timeray, Herrenberg
Druck und Bindung: Firmengruppe Appl, aprinta Druck, Wemding, Germany
Printed in Germany

ISBN 978-3-8001-7635-9